华北地区小麦玉米合理施氮量确定方法研究

◎ 张亦涛　等　著

中国农业科学技术出版社

图书在版编目（CIP）数据

华北地区小麦玉米合理施氮量确定方法研究 / 张亦涛等著. --北京：中国农业科学技术出版社，2021.3

ISBN 978-7-5116-5212-6

Ⅰ.①华… Ⅱ.①张… Ⅲ.①小麦-氮肥-施肥-方法研究-华北地区②玉米-氮肥-施肥-方法研究-华北地区 Ⅳ.①S512.106.2②S513.062

中国版本图书馆 CIP 数据核字（2021）第 041492 号

责任编辑 崔改泵 周丽丽
责任校对 马广洋
责任印制 姜义伟 王思文

出 版 者 中国农业科学技术出版社
北京市中关村南大街 12 号 邮编：100081
电 话 (010)82109194(编辑室) (010)82109702(发行部)
(010)82109709(读者服务部)
传 真 (010)82109194
网 址 http://www.castp.cn
经 销 者 各地新华书店
印 刷 者 北京建宏印刷有限公司
开 本 170 mm×240 mm 1/16
印 张 8.25
字 数 160 千字
版 次 2021 年 3 月第 1 版 2021 年 3 月第 1 次印刷
定 价 36.00 元

《华北地区小麦玉米合理施氮量确定方法研究》

著者名单

主　　著　张亦涛

著　　者　（按姓氏拼音排序）：

陈安强　侯瑞星　雷宝坤　雷秋良

李　静　刘　剑　刘　申　娄金勇

王洪媛　翟丽梅　张继宗　张亦涛

技术指导　刘宏斌　任天志　张继宗　王洪媛

内容简介

本书简要介绍了华北地区传统周年轮作种植下小麦和玉米季合理施氮量的确定方法，首先，采用文献计量学手段，分析了当前国际氮肥施用研究领域的研究热点、发展态势，明确了兼顾农学效应与环境效应的农田适宜施氮量是未来研究的重点。其次，根据多地冬小麦夏玉米轮作农田施氮量梯度同步试验，分析了氮肥施用量与其中不同指标之间的关系，明确了 7 种最佳施氮量及其差异。再次，分析了 DNDC 模型模拟夏播大豆、玉米单间作及其对后茬冬小麦产量影响的适宜性，明确了夏播玉米间作大豆可以在保障高产的同时大幅度降低农田实际施氮量。从次，全面综述了华北平原小麦季氮肥施用产量和环境效应，论述了区域尺度小麦合理施氮量。最后，提出了改变传统的以农学效应为主确定合理施氮量的思路、基于环境效应探索农田允许最大施氮量的研究设想。

本书可供农业生态学、土壤学、植物营养学、环境科学、农学等专业领域科研人员、大专院校师生及相关管理部门参考。

目　　录

1 绪论

我国已经是世界第一大氮肥生产国和使用国，但过量施氮和不合理施氮问题非常普遍（Ju et al.，2009；Lu et al.，2015），进而导致了一系列环境问题（张福锁等，2008；朱兆良等，2010；Guo et al.，2010）。氮肥过量施用造成我国富营养化水体急剧增多，20 世纪 90 年代以后富营养化水体达到 85%以上；北方农区地下水“三氮”污染突出，以硝态氮含量 20 mg/L（地下Ⅲ类水）为衡量标准，集约化农田地下水硝酸盐含量严重超标（Zhang et al.，1996），超标率达 17%~33%（许晶玉，2011；刘宏斌等，2006）；此外，氮肥施用量增加促进了氨挥发和氧化亚氮的排放，农业源气体排放已经成为温室气体和大气污染的重要组成部分（Li et al.，2009）。为了减缓农业氮肥施用造成的环境问题，2015 年中国开始实施“到 2020 年化肥使用量零增长行动方案”，旨在实现主要农作物化肥使用量的零增长。然而，随着人口增长对粮食需求的不断增加，氮肥的使用不可避免（Nosengo，2003），因此，确定兼顾粮食高产和环境友好的合理农田施氮量迫在眉睫。

自 20 世纪 20 年代初哈伯-博施工艺（Haber-Bosch）发明以来，世界人口所需蛋白的近 50%依赖于化学氮肥（Erisman et al.，2008），据估算，2020 年世界化学氮肥用量可能将达到 1.35 亿 t，到 2050 年将达到 2.36 亿 t（Tilman et al.，2001）。随着农业生产中氮肥施用逐渐增加，氮肥除被作物吸收外，大量盈余氮素带来了一系列严重的环境问题（Mishima et al.，2007），如地下水硝酸盐超标、地表水富营养化、以氧化亚氮或氨挥发形式进入大气导致的温室效应和大气质量降低，以及这些活性氮素通过干湿沉降返回陆地，进一步导致的生态系统多样性下降等（Galloway et al.，2003）。20 世纪 80 年代前后，欧洲的农业生产中投入各类氮素总量一度达到 2 亿 t（其中化学氮素近 0.3 亿 t），由此引起的水体硝态氮超标、富营养化、温室气体排放等威胁绝大多数人的饮用水和生存环境安全（Sutton et al.，2011）。同期，美国由于农业氮素损失造成的环境问题亦十分严重，尤其是农业面源污染导致了美国各类水体的恶化（Carpenter et al.，1998）。氮肥施用造成的高昂环境治理成本使得发达国家首先开始考虑如何实现氮肥的合理施用，以便发挥氮肥的积极作用而减少其负面影响（Sutton et al.，2011b）；并促使了一系列配套环境保护政策的出台和实施，包括硝酸盐法案、水框架法案、地下水法案、环境空气质量法案等（Sutton et al.，2011a）。

为了确定合理施氮量，各国农业科研工作者开展了诸多研究，并因地制宜地提出了一系列氮肥用量确定方法，尤其是英国、美国等发达国家均定期发布作物施氮指导手册（Alison，2016；Magdoff et al.，2010），其中详细介绍了如何通过测定土壤氮素含量，再根据目标产量确定氮肥用量。除产量外，氮素平衡点、作物吸氮量、氮素利用率、经济效益、环境成本等指标也均被用于合理施氮量的确定（巨晓棠，2015；郭天财等，2008；Xia et al.，2012），同时，随着人们对环境问题的关注，与氮素环境效应相关的指标也逐渐用于农田合理施氮量的确定。

1.1 氮肥合理施用概念及我国施用现状

1.1.1 氮肥合理施用的概念

氮素是所有生物体维持生活的必需元素，蛋白质、遗传材料，以及叶绿素和其他关键有机分子等生物组织的构成都需要氮素的参与。化学氮肥的施用可以快速供给作物生长所需，氮素供应不足则作物生长缓慢、籽粒不饱满、产量受限，而氮肥过量则作物营养生长过长、贪青晚熟；此外，氮肥不足或氮肥过量都会对土壤质量产生负面效应，尤其是氮肥过量施用造成的环境污染风险急剧增加，因此，只有合理施用氮肥才能最大限度地促进作物生长、维持土壤肥力、降低环境污染。然而，氮肥合理施用的具体内容除首先涉及氮素总量以外，还需要合理的氮肥类型、施用时期、施用位置等详细管理方法的配套，并共同构成现代作物养分管理中常用的“4R”的概念，即正确的肥料品种（Right source）、正确的施肥量（Right rate）、正确的施用时间（Right time）、正确的施用位置（Right place）（Roberts，2007）。

“4R”养分管理需要多个学科及科学理论的支撑，其所涉及的氮肥品种、用量、时间、位置等各个环节都有相应的科学依据，相关的学科理论主要来源于农业气象学、土壤学、肥料学、植物营养学、植物生理学、作物栽培与耕作学等，其包含的科学原理主要有植物矿质营养学说、土壤养分归还学说、营养元素不可替代律、最小养分律、肥料报酬递减律、营养因子综合律等（陈防和张过师，2015），并且这些学科原理及理论已经逐渐被生产实践证实。养分管理所包括的4个方面都不是孤立的，互相之间存在密切联系，但在以往研究过程中，大多假设氮肥类型、施用时期、施用位置是特定的、已优化状态，并且着重突出施氮量的重要性。诚然施氮总量直接关系到成本投入，但若其他3项不合理，氮素成本将被隐形提高，而其他3项合理的情况下，氮肥被充分利用而最大限度减少损失，氮素成本就会降到最低。因此，“4R”养分管理要求同等重视各个环节，避免强调一项而忽视其他措施。此外，“4R”养分管理中的氮素并不局限于化学氮肥，也适用于有机养分施用，并且合理的有机无机配施对作物和土壤均有积极效应。

“4R”养分管理直接涉及农业生产最终的经济效益、环境效益和社会效益，并关联了所有与农田养分管理相关的科学原理，农田实践中，作物生长是一个极其复杂的过程，与气象条件、土壤状况、作物品种、播种灌溉、养分投入等多种因素相关，任一因素的限制都可能阻碍作物正常生长，诸多因素中，在其他因素较为固定的情况下，养分管理成为较为灵活机动的因子，尤其养分投入量往往最受重视。实际上，各类方法所确定的氮肥合理施用量都有一定的前置条件，而这些前置条件都是根据已有经验设定的，所以在合理施氮量的实际应用过程中，详细的氮素管理细则还要根据目标产量、氮肥类型、种植结构、土壤肥力、气象现状等因素适当调整。因此，“4R”养分管理并不能作为单一措施而独立存在，仅靠“4R”养分管理还不能取得最佳经济、环境和社会效益，一套正确的养分管理措施还需要一整套其他的生产和保护性管理技术辅助才能取得成功。总之，在其他因素基本稳定的情况下，“4R”养分管理可以成为农田管理的核心技术，氮肥类型、施氮量、施氮时期和施氮位置要统筹兼顾、不可偏废，然而确定合理施氮量始终是优化养分管理的关键和切入点，并且往往所说的合理施氮狭义上指的就是施氮总量的合理性，或者说合理施氮量已经默认了氮肥类型、施氮时期和施氮位置的最佳状态。

1.1.2 我国氮肥施用现状及存在的问题

1.1.2.1 我国氮肥施用现状

改革开放以来，随着我国化肥工业和肥料进出口贸易的发展，化肥施用为我国粮食持续增产做出了重要贡献，氮肥在各类肥料中占比最高，也被认为是最主要的增产因素（图1-1）。我国粮食产量由1979年的3.32亿t增加到2015年的6.21亿t，单产也从2 237 kg/hm^{2}增加到3 735 kg/hm^2。我国化肥和氮肥用量分别为6 023万t、2 688万t，单位播种面积化肥（362 kg/hm^2）和氮肥（162 kg/hm^2）施用量均远高于世界平均用量（74 kg N/hm^2）（Lu et al., 2017）。全球水稻、小麦、玉米等主要粮食作物产量达25.5亿t，我国以世界26%的氮肥消费量生产了其中的21%（FAO, 2014），较低的氮肥利用率，势必造成资源的浪费和潜在的环境风险。田块尺度跟踪研究表明，冬小麦—夏玉米轮作（$n=47$）、温室蔬菜（$n=56$）、苹果园（$n=34$）每年的氮肥用量分别为 553 kg/hm^2、1 358 kg/hm^2 和 661 kg/hm^2，有机肥氮施用量分别为 50 kg/hm^2、1 881 kg/hm^2、181 kg/hm^2（张福锁等，2009）。大样本的问卷调查和农户拜访数据表明，全国 27 个省 2 346 个村的水稻（n=4 218）、小麦（n=4 554）、玉米（n=4 522）、果园（n=6 863）、蔬菜（n=3 889）的施氮量分别为（209±140）kg/hm^2、（197±134）kg/hm^2、（231±142）kg/hm^2、（550±381）kg/hm^2、（383±263）kg/hm^2（Zhang et al.，2013a）；并且氮肥施用存在较大的区域差异，东部地区单位平均施氮量高于中西部地区，东部沿海农户的实际施氮量远远超过了每种作物的推荐施氮量和全国尺度的平均施氮量（巨晓棠等，2014）。

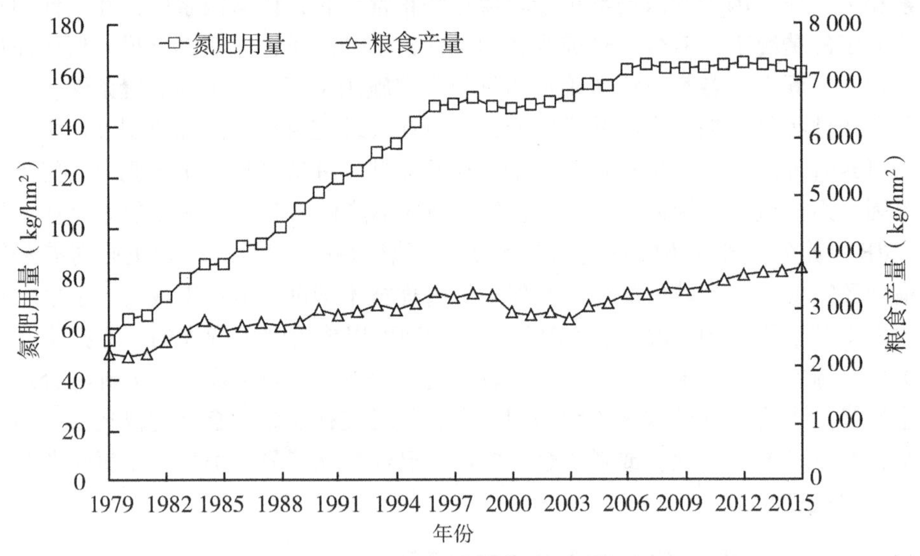

图 1-1　单位农田种植面积肥料用量和粮食产量（1979—2015 年）

（数据来源：2016 年中国统计年鉴）

当前农资市场上传统的氮肥种类主要有铵态氮肥、硝态氮肥和酰胺态氮肥三大类，铵态氮肥是含有铵根离子或氨的化合物，常见品种包括液态氨、氨水以及硫酸铵、氯化铵、碳酸氢铵等铵盐；硝态氮肥是含有硝酸根例子的化合物，常见品种包括硝酸铵、硝酸钠、硝酸钙等；酰胺态氮肥主要是尿素，这是固态氮肥中含氮量最高的优质肥料，也是肥料市场最主要的氮肥类型。除了传统氮肥，随着科技进步，可以在土壤中缓慢释放养分的缓效、缓释或控释氮肥逐渐应用到农业生产；此外，为实现平衡施肥、提高肥料利用率，含氮复合肥生产量和施用量越来越多。随着畜牧养殖业的发展和堆肥工艺的进步，成品有机肥也出现在农资市场上，虽然其氮素含量不高，但有利于形成腐殖质、改良土壤、抑制病虫害、提高作物品质。

作物施氮量的确定往往取决于所要获得的作物产量，而施氮时期和施氮位置决定了氮素是否能被充分吸收利用。植物生理学和植物营养学理论表明，作物营养生长期、营养生长与生殖生长交互期充足的供给养分，可以最大限度地保证作物产量和品质，同时深施氮肥可以显著降低氮素气体排放，并且将氮肥施用在作物根系的主要分布范围内，有利于作物根系充分吸收氮素养分。然而，农户实践中，粮食作物主要分两次施肥，基肥可以通过播种施肥一体化机械深施于土壤，但追肥机械化程度较低，以氮肥撒施为主（Zhang et al.，2015a），而追肥次数较少致使作物某一生育时期可能出现缺氮情况，进一步导致只有较高的基肥和追肥量才能保障产量，并且撒施后降雨或灌溉较为普遍，这就造成氮素损失风险显著增加（巨晓棠等，2014）。

目前的全球氮肥用量相比过去 100 年增加了近 100 倍，其中绝大部分氮肥被用于主要粮食作物的生产。预计到 2050 年世界人口将达到 93 亿人，同时人类对粮食的需求将增加 60%左右，如果氮肥利用率不能进一步提高，氮肥总投入量需要在目前的基础上再增加一倍才能满足人类未来对粮食的需求（Ladha et al.，2005）。中国粮食作物氮肥利用率远低于世界平均水平，农业部（2018 年 3 月，国务院机构改革组建农业农村部，不再保留农业部。全书同。）公布的我国 2015 年水稻、玉米、小麦三大粮食作物的氮肥利用率为 33%，而世界平均氮肥利用率水平为 50%～60%（Ladha et al.，2005；Goulding et al.，2000；Sebilo et al.，2013a）。相应地，我国土壤氮素残留率较高，但后茬作物对残留的氮素利用有限（Liang et al.，2013），大多氮素最终损失进入环境导致生态系统功能退化。

1.1.2.2　我国氮肥施用的主要问题

相比 20 世纪 80 年代，30 多年来，我国氮肥的当季利用率有所下降，氮肥过量或不合理施用是导致这一问题的关键因素（蔡祖聪等，2014）。具体来讲，“4R”养分管理中任一环节出现问题都可能降低氮肥利用率，并且氮肥利用既是一个施肥技术问题，也是一个社会经济问题。我国人均耕地面积小、土地质量不均匀，为保证公平，每家每户所拥有的土地可能分散在不同地方，但农户在实际种植过程中通常采取相同或相似的农田管理方式，为尽可能地获得高产，农户过于重视氮肥的施用，因此而导致田块尺度的氮肥总量普遍较高。尤其是当前我国城镇化进程加快，农业种植收入占家庭收入的比例相对较小、农资成本在家庭总收入中占比较低，再加上缺乏适当的施氮机械，所以农户更喜欢省时省工的“大水大肥”“一炮轰”等施氮方式（巨晓棠等，2014）。为了提高作物出苗或促进作物吸氮，无论是基肥氮还是追肥氮，农户大都选择在降雨前施用，或在施用后灌溉，诚然这是一种水肥高效利用的方法，但实际操作过程中，水肥配合不密切往往导致了水分利用率和养分利用均较低，不仅造成一定程度的资源浪费，还会使多余氮素随水淋溶、径流或者挥发。

从国家尺度上看，若以我国人口对粮食的需求量计算，农田还需要继续施用更多的氮素，但仍有大量田间试验证明作物种植中存在过量施氮现象（蔡祖聪等，2014），这主要是由于我国的氮肥施用存在区域间差异。研究表明，我国每季小麦、玉米和水稻的氮肥推荐量范围为 150～250 kg/hm^2，蔬菜为 150～300 kg/hm^2，果园为 150～250 kg/hm^2，其他作物为 50～150 kg/hm^2，然而将这些推荐施氮量范围应用到全国，则过量施氮、合理施氮和施氮不足面积分别占播种面积的 20%、70%、10%（张福锁等，2009）。单位面积氮肥施用较高的地区主要位于中东部和东南部，这就导致东部地区农田大量氮素盈余，尤其是在华北平原上，氮肥过量施用成为地下水硝酸盐污染的主要原因（Ju et al.，2006）；另一方面，西部地区由于施氮不足而产量不高，仍存在通过增施氮肥提高作物产出的可能（蔡祖聪等，2014）。

氮肥过量施用且利用率不高的连带效应就是对环境的污染风险。朱兆良（2008）在总结国内研究结果的基础上，对我国农田中化肥氮的去向进行了初步估计，作物氮肥利用率为 35%，通过氨挥发、表观硝化—反硝化、淋溶、径流等途径损失的氮量约 52%，虽然其结论存在很大的不确定性，但总的来看，在我国主要粮食产区，氮肥利用率较低、损失率较高是无疑的。各类研究文献对氮肥的合理施用进行了探索（Xia et al.，2012；Cui et al.，2013a；Hou et al.，2012；Xu et al.，2014），也找到了很多用于指导施氮的指标（如产量、经济效益、作物吸氮量、环境风险对比、氮素平衡点、叶绿素含量等），并且各类指标均可阐明其合理性，但不同方法的理论基础不同，所确定的施氮量之间也有差异，因此，对如何确定合理施氮量需要具体问题具体分析；在确定了合适用量的基础上，才能再根据植物生理特点在作物生育时期合理分配氮素。

1.1.3 合理施氮量的确定

为了维持作物高产并缓解农户过量施氮造成的环境问题，确定合理施氮量是最有效的方法之一。最具代表性的是，欧盟为保障地下水水质安全而制定了硝酸盐法案（Nitrate Directive），其中限定了农户施氮量上限（有机肥氮 < 170 kg/hm^2），但此类法案的制定必须有充足的科学依据（Nevens et al.，2005；Schroder et al.，2008），换言之，必须保证所确定的施氮量至少不能导致地下水污染，而目前中国缺乏此类研究。诸多研究已对氮肥的合理施用进行了探索（Xia et al.，2012；Cui et al.，2013a；Hou et al.，2012；Xu et al.，2014），也找到了很多用于指导施氮的指标，如产量、经济效益、作物吸氮量、环境风险对

比、氮素平衡点、叶绿素含量等。

实践中，最常见的农田施氮量确定方法主要有三类（朱兆良，2006）：通过作物生育期土壤和作物测试确定各生育阶段施氮量的测试类方法、基于作物收获后的施氮量—产量（或经济效益、环境效益等）效应函数确定合理施氮量的田间试验类方法、根据作物—土壤系统氮素的输入与输出平衡关系计算的氮肥施用量（巨晓棠，2015）。这三类方法所确定的合理施氮量以保障作物正常生长、优质高产、氮素高效利用等农学效应为出发点，例如文献中最常见的以实现作物高产为目的所确定的最高产量施氮量（即最高产量施氮量，低于这一施氮量，粮食产量降低），虽然这些方法可对不同施氮量的环境风险进行对比，但并不能直接用于确定环境排放或污染的临界施氮量（高于这一施氮量，恰好产生环境污染），如施氮量—氨挥发效应曲线呈直线或指数关系，虽然众所周知氨挥发量越少越好，但却不能明确导致氨挥发环境污染的施氮量突变点。

随着农田氮素损失带来的环境问题及公众对环境的关注，合理施氮量确定方法也从以往首先考虑农学或经济效益转向首先考虑环境效益，也就是第四类施氮量确定方法，即根据环境效应直接确定环境临界施氮量。农田氮素环境指标包括淋溶氮、径流氮、氨挥发、氧化亚氮等，各指标之间相互关联、相互影响，实际监测过程中难以全面兼顾所有指标，因此，若想从氮素环境效应角度直接确定施氮量，需要选择一个合理的氮素环境指标作为切入点。

1.2 国内外主要氮肥施用量推荐方法

1.2.1 基于土壤测试的推荐施氮方法

基于土壤—作物测试的推荐施氮方法是指在作物关键生育期间，通过测试土壤或植株氮素含量判断所施用的氮素是否合理，进而调整施氮策略，是当前提高氮肥利用率、减少氮素损失的最先进推荐方法（Chen et al.，2011）。这类方法多从满足作物全生育期或某一阶段养分需求的农学角度指导氮肥实时施用，而不局限于每年的施氮量必须相同，此类方法可以指导何时施氮，确定经验施氮量，可能间接缓解了环境污染风险，但并未直接考虑氮肥施用的环境效应（Hou et al.,2012；Xu et al.，2014），其代表性方法包括叶绿素测定仪（Wu et al.，2007）、土壤—作物系统综合管理（Cui et al.，2013b）、推荐施肥专家系统（Xu et al.，2016）等。

农业研究和生产中常用的叶绿素仪是日本生产的手持式土壤、作物分析仪器开发（Soil and Plant Analyzer Development，SPAD），可以非破坏性的、快速的、较精确地测量叶片叶绿素相对含量，并以此诊断作物氮素营养状况，在作物关键生育期测定 SPAD 值，若表现出缺氮特征则指导后期追施氮肥，这一方法应用的关键在于确定不同作物、不同生育期、不同管理模式下的 SPAD 临界值（Esfahani et al.，2008，Singh et al.，2002）。

土壤—作物系统综合管理根据作物不同生育时期土壤供氮能力和目标产量需氮量确定不同生育阶段作物氮素需求（Cui et al.，2013b），通过根系氮素实时调控实现作物氮素分期管理，满足各生育期养分需求（图 1-2）。该方法确定的施氮量在年际间、田块间可能显著差异，这主要是因为土壤氮素供应能力在年际间和田块间均存在变异性。

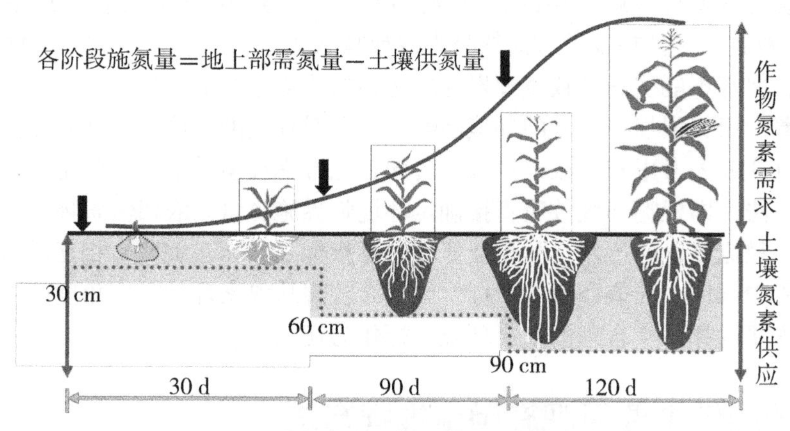

图 1-2　根层土壤氮素实时调控管理

［根据朱兆良等（2010）绘制］

推荐施肥系统是农田测试结果与计算机信息技术的结合，如 Nutrient expert 推荐施肥专家系统，该系统在农户回答一些简单问题后就能给出基于作物栽培管理措施的推荐施肥套餐，农户所回答的问题包括农户产量、农户管理措施、土壤肥力指标、当季或上季作物施肥，所推荐的参数包括目标产量、种植密度、各类纯养分用量、市场常见化学用量，同时可以给出作物生长期间推荐施肥时间和次数（何萍等，2012），尽管所得结果客观上有利于降低氮素施用环境风险，但该系统推荐施肥的主要依据还是作物产量反应和农学效率。

1.2.2　基于氮肥施用效应函数的推荐施氮方法

氮肥施用的最主要目的就是实现作物高产，以田间氮肥用量试验为基础建立施氮量与产量的效应方程（一元二次方程或线性加平台方程），可以通过产量拐点确定最高产量施氮量（图 1-3），类似地，通过施氮量与作物吸氮量、经济效益等指标之间的效应方程也可以通过曲线拐点确定基于不同指标的最佳施氮量。此类方法并未直接考虑氮肥施用的环境效应，其优势是可以通过明显的拐点或突变点确定合理施氮量（Xia et al.，2012；Cui et al.，2013a），但所推荐的施氮量必须以前几年的试验为基础，鉴于年际间气候条件和田间管理等自然因素和人为因素可能存在的差异，其在时间和空间上的适用性可能会受到一定限制，然而，该方法仍然是当前推荐施氮量的常用方法。

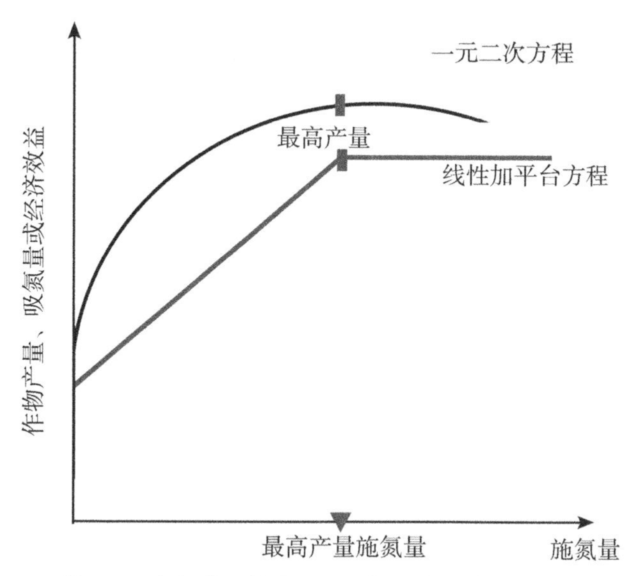

图 1-3　氮肥施用的产量、吸氮量或经济效应曲线

除氮肥施用的农学效应和经济效益以外，氮肥施用与氨挥发、氧化亚氮排放、氮淋溶、氮径流等氮素环境指标也可以建立效应方程（图 1-4），但该类方程多呈直线或指数函数形式（朱兆良等，2010），因此，此类函数仅可用于不同施氮量之间的环境风险对比，尽管据此可以确定一个环境污染风险相对较低的施氮量（Song et al.，2009；Min et al.，2011），但无法明确环境污染拐点或突变点（图 1-4），即无法明确所推荐的施氮量是否直接导致了环境污染，换言之，以氮素环境风险为基础难以直接确定推荐施氮量。因此，随着氮素损失所造成的环境恶化及公众对环境的关注，确定施氮量的方法必须从以往单一考虑产量或经济效益转向综合考虑产量和环境效益，这一理念下，量化氮素环境效应的途径有间接法和直接法两个，间接地，将氮素排放的污染物换算为污染治理成本，这就将环境问题转化成了经济问题，从而形成施氮量与经济效益（扣除环境治理成本）的效应关系（Xia et al.，2012；Wang et al.，2014a；Zhang et al.，2017a），进而明确施氮量拐点；直接地，若能在氮肥施用的环境效应曲线上画出一个限值（图 1-4），其对应的施氮量则可认为是施氮量突变点，但如何在氮肥环境效应曲线上划定限值就成为一个难点。

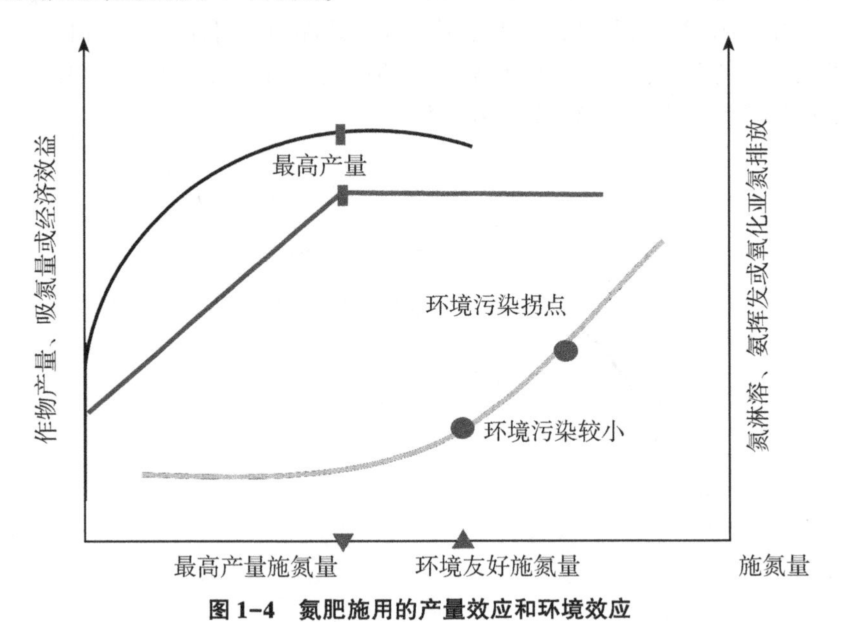

图 1-4　氮肥施用的产量效应和环境效应

1.2.3　基于氮素输入输出平衡的推荐施氮方法

一般情况下，氮肥只有施用于土壤中才能被作物吸收，氮素损失也主要发生在土壤与空气或水体的界面上，因此，将作物—土壤看成一个稳定的综合生态系统，当系统中氮素的输入输出保持平衡时对环境的影响最小。国内外农业生产中普遍采用氮素平衡管理的概念来推荐施氮量或评价氮肥肥效（巨晓棠，2015），实际上，上述两类方法中也含有氮素平衡施用的理念，如第一类方法中的根层土壤氮素实时调控实现了作物各生育阶段的氮素平衡，第二类方法中的施氮量—吸氮量效应方程体现了作物生长过程的氮素表观平衡，区别在于，第一类以作物生育期间实时调控为基础，第二类以作物生长吸氮经验反馈为基础。

农田作物—土壤生态系统中，氮素输入项主要有干湿沉降、灌溉携带、种子携带、种前土壤残留、生育期土壤供应、共生固氮、化肥、有机肥、秸秆还田等，其中，多数地区农田氮素来源主要为化肥、有机肥和秸秆，这 3 种氮素构成农田外源氮，其他类氮素可统归为农田本底氮。氮素输出项包括作物吸收、氨挥发、硝化—反硝化、根层淋溶、径流出田、收获后土壤残留。理论上，按照物质守恒定律，若要维持土壤氮素平衡，则氮素输入应等于氮素输出，据此则可确定化肥氮的投入量。然而，氮平衡计算过程中，某些氮指标需要在作物生长过程中测定，某些氮指标需要利用前些年的监测结果，并且所涉及的计算项目过多，这就导致其自身误差和不确定性可能较大。

深刻分析作物—土壤系统氮素平衡所涉及的氮素指标及其相互关系，在我国目前的施肥技术条件下，推荐施氮量也可以约等于作物地上部氮素携出量（中国专利号：ZL 201010548476. 0），部分田间试验和同位素示踪试验也证实了这一方法的合理性和适用性（巨晓棠，2015）。这种简化的推荐施氮公式为确定施氮量提供了新思路，然而，我国农业区域跨度大，气象条件、土壤供氮能力等均存在差异，因此，如何精确确定某一地块作物目标产量和作物氮素含量，从而计算作物地上部氮素携出量仍不是单个农户能解决的，并且长期采用该方法对土壤、作物和环境的实际影响也有待试验验证。该方法推导过程中所涉及的关键指标是：作物目标产量、目标产量需氮量，作物目标产量可以通过前几年的实际产量估算，而目标产量需氮量的确定需要大量的田间试验支撑，如果所涉及指标取值不合理，所确定的推荐施氮量也就意义不大；在总结已有文献结果的基础上，这一问题得以解决，小麦、玉米、水稻籽粒氮含量分别为28 g/kg，23 g/kg，24 g/kg（巨晓棠，2015）。整体而言，尽管将氮肥损失量等同于秸秆氮与其他氮源之和可能存在一定的误差，但在符合氮素平衡的基础上，简化的推荐施氮公式为确定施氮量提供了新思路，也便于农业技术推广人员和农户在实际生产中应用。

1. 2. 4 基于氮素淋失效应确定地下水硝酸盐超标临界施氮量

上述三类方法所确定的合理施氮量以保障作物正常生长、优质高产、氮素高效利用等农学效应为出发点，例如文献中最常见的以实现作物高产为目的所确定的最高产量施氮量，而氮素环境效应只作为不同施氮量之间的对比指标，而并不直接用于确定基于环境排放或污染的临界施氮量。实际上，现有的氮肥合理施用量是主要以保证较高的粮食产量或经济效益为目的（即最高产量施氮量，低于这一施氮量，粮食产量降低）；现有推荐施氮方法虽然可对不同施氮量的环境风险进行对比，但无法明确导致环境污染临界施氮量（高于这一施氮量，恰好产生环境污染）。农田氮素环境指标包括淋溶氮、径流氮、氨挥发、氧化亚氮等，各指标之间相互关联、相互影响，实际监测过程中难以全面兼顾，因此，若想从氮素环境效应角度直接确定施氮量，需要选择一个合理的氮素环境指标作为切入点。淋失是我国北方平原农田生态系统氮素进入地下水体的主要途径之一，虽然目前尚无阻断深层土壤氮素淋失过程的有效措施（Cameron et al., 2013），但也有一些控制氮素淋失的农田管理措施，如优化施氮量、种植填闲作物、避开降雨期施肥等（Di et al., 2002）。其中，降低氮肥施用量是众多方法之中最节约成本、最节省劳力、也最易被农民接受的氮素淋失防治措施（Wang et al., 2012）。

在我国关于环境问题的法律、法规和标准中，尚无直接针对氮肥施用环境污染的限制性规定，但也可以从中找到一些与氮素相关的指标，如《地下水质量标准》（GB/T 14848—2017）将硝态氮含量作为重要的水质分类指标之一，其中，以人体健康基准值为依据（NO_3^--N≤20 mg/L）的Ⅲ类水，是集中式生活饮用水水源及工农业用水的最低标准；这与国内外相关的地表水和饮用水标准有所不同，我国《地表水质量标准》、美国和世界卫生组织都将饮用水硝态氮含量标准规定为 10 mg/L，而欧盟规定饮用水中的硝态氮不得超过 11.6 mg/L，但考虑地下水与地表水的不同，以及我国地下水利用现状，因此，本研究选择 20 mg/L 作为地下水硝态氮含量是否超标的最低标准，当然，在农田实践中，所采用的硝态氮含量标准可以根据特定田块的土地利用方式进行调整。研究表明，农田地下水硝态氮含量超标主要是由氮肥过量施用后的淋失造成的（Zhang et al., 1996; Liu et al., 2014），据此可将农田氮肥施用与地下水水质关联起来。若以硝态氮含量 20 mg/L 作为根区淋失水的氮含量上限，其与水分淋失通量的乘积可作为农田允许最大硝态氮淋失量，即可在氮素淋失效应曲线上找到其对应施氮量作为地下水硝态氮超标临界施氮量（图 1-5），进而评价所确定的临界施氮量是否存在减产风险。理论上，地下水硝态氮超标临界施氮量对产量的影响可能存在 3 种形

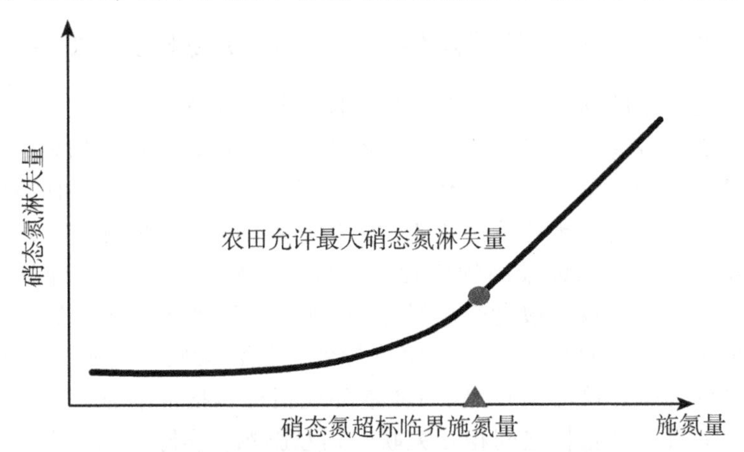

图 1-5　基于施氮量—氮素淋失效应曲线确定地下水硝酸盐超标临界施氮量

（农田允许最大硝态氮淋失量=水分淋失通量×硝态氮含量标准）

式（图 1-6）：当临界施氮量等于或高于最高产量施氮量时，则所确定的临界施氮量无产量风险，但当临界施氮量低于最高产量施氮量时，则所确定的临界施氮量存在产量风险，必须进一步探索相应的产量风险解决方案（如降低目标产量、调整土地利用方式等）。然而，此类研究思路往往由于淋失监测难度、年限和方法的限制，使得水分淋失通量和氮素淋失曲线难以明确。

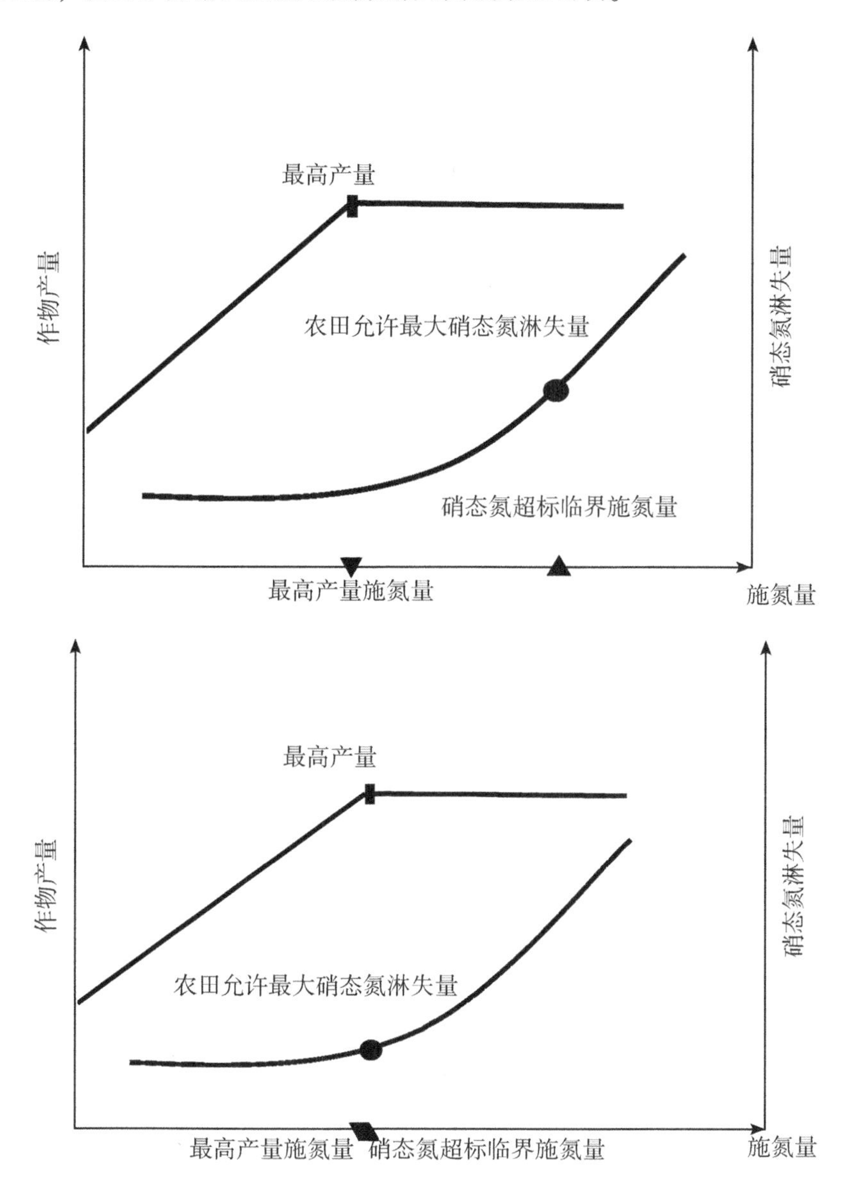

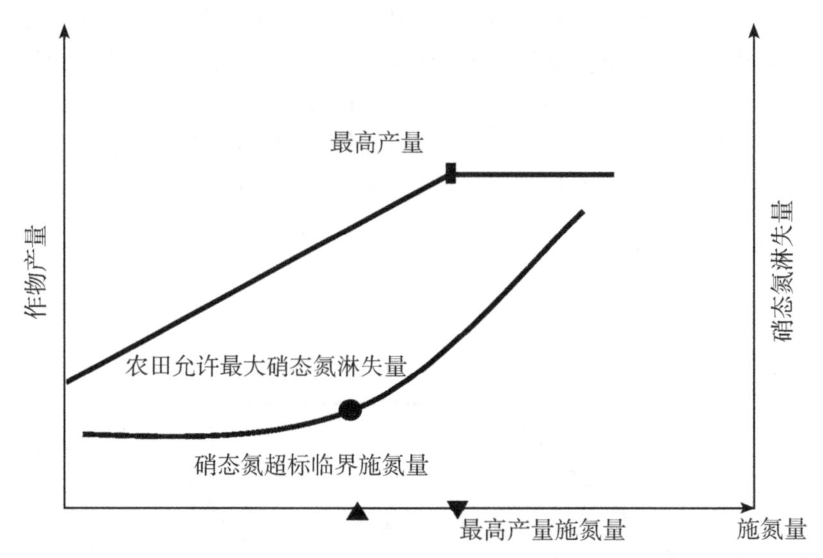

图 1-6　农田硝态氮超标临界施氮量与最高产量施氮量间的可能关系

确定农田地下水硝态氮超标临界施氮量的关键是如何明确水分淋失通量。渗滤、抽滤等土壤溶液原位采集技术是农田淋失监测常用的方法，渗滤池监测技术早在 19 世纪初就应用到了氮素淋失研究中（Miller，1902），此后经过上百年的实践，目前已经形成了土钻采样化验、模拟土柱、溶液抽滤、溶液渗滤、离子交换树脂等多种氮素迁移淋失的监测方法（刘宏斌等，2015）。众多方法中，以承接土壤渗滤溶液为主的大型渗漏池，其监测土体之间互不干扰、出水稳定、覆盖面积大，能够收集监测土体内全部渗滤液，且适于长期定位监测，但安装技术要求高、工程量大且费用高昂，因而此类监测装置在我国应用较少（刘宏斌等，2015，张亦涛等，2016）。本质上，农田淋失是土壤与降水或灌溉水相互作用的过程，降雨和灌溉是淋失的主要驱动力，氮素是随水流动的溶质，然而，并不是每次降雨或灌溉都会导致农田淋失。从单次淋失事件来看，灌溉或降雨尤其是强降雨条件下（Di et al.，1998；Kakuturu et al.，2013），上层土壤水分饱和时，氮素随水分向下淋溶，直至淋失出根区而最终进入地下水（Armour et al.，2013）；而从长年尺度来看，少雨季节或干旱年份，氮素首先在土壤中大量积累，遇降雨季节或多雨年份时，土壤累积的氮素才会随水大量淋失，因此，即使相同施氮条件下，氮素淋失通量也存在较大的年际差异（Zhang et al.，2015b）。由于淋失监测方法和技术的限制，目前的研究监测年限普遍较短（Sun et al.，2017；Romera et al.，2017），而对长时间尺度的淋失监测相对较少，这就难以区分不同降雨年型的水分和氮素淋失通量变化及其年际差异，进而也导致从年际尺度上基于地下水质保护确定的临界施氮量可能并不适用于所用年份。此外，氮素施用时期和施用方法与氮素淋失发生风险和作物产量密切相关，因而所确定的农田临界施氮总量在作物生育期间如何分配也有待深入研究。

为了评估不同降水年型的氮肥淋失特征和产量效果，在实地监测的基础上，氮循环机理模型不断被应用于氮肥施用效果评价，如SWAT、DSSAT、LEACHM、DNDC 等，其中 DNDC 模型参数更易获取、操作方便，适用于分析点位和区域尺度的农业生态系统碳氮循环，其农田氮素淋失模拟能力较强（Li et al.，2014a），可模拟、预测不同气象、土壤、作物管理条件下的氮素动态变化（以天为步长），并且经过验证的模型可通过情景分析探索兼顾产量效益和环境效益的优化农田管理措施（Deng et al.，2013）。

基于以上思路，笔者对华北平原典型农田 2007—2012 年的大型渗漏池监测数据进行了初步分析和方法探索（Zhang et al.，2015b），根据水分淋失通量和地下Ⅲ类水质标准确定了农田允许最大硝态氮淋失量，利用 DNDC 模型模拟了连续多年度的硝态氮淋失通量和作物产量，初步明确农田硝态氮超标临界施氮量为 240 kg/hm^2，只要施氮量不超过这一限制，就不会造成地下水硝态氮超标；同时，施氮量—产量响应曲线显示，保障最高作物产量的施氮量是 180 kg/hm^2，从而构成兼顾作物产量和地下水水质安全的施氮空间（180 kg/hm^2，240 kg/hm^2），因此，现有条件下所确定的农田临界施氮量并不会导致作物减产（图 1-7）。然而，该研究并不全面，未阐明农田允许最大施氮量等于或低于作物最佳产量施氮量的情况，未区分不同降水年型对农田允许最大施氮量的影响，也未明确所得结果在其他区域的适用性，也未阐明由于区域土壤、气候差异对所得结果的影响程度，这都需要在以后的研究工作中持续关注，也是我们未来研究的重点。

1.3 结论

中国人口众多，而可耕土地面积相对较少，随着计划生育政策的调整，粮食压力必将持续增加，为了满足日益增长的粮食需求，土地不但面临着长期复种不休耕的压力，大量农药、化肥尤其是氮肥的投入，也将导致土壤质量和农田环境质量不断下降。理论上，最佳状态是所施用氮素恰好满足作物生长需求，但100%的氮素利用率是不可能的，因此，找到资源投入、粮食产出与环境安全之间的平衡点至关重要，而确定氮肥合理施用量是其中最有效、最关键的环节之一。

现有各类推荐施氮方法虽然切入点不同，但无论是以农学效应还是以环境效应为衡量指标，都具有充分的理论基础，相关文献报道也屡见不鲜，尤其是产

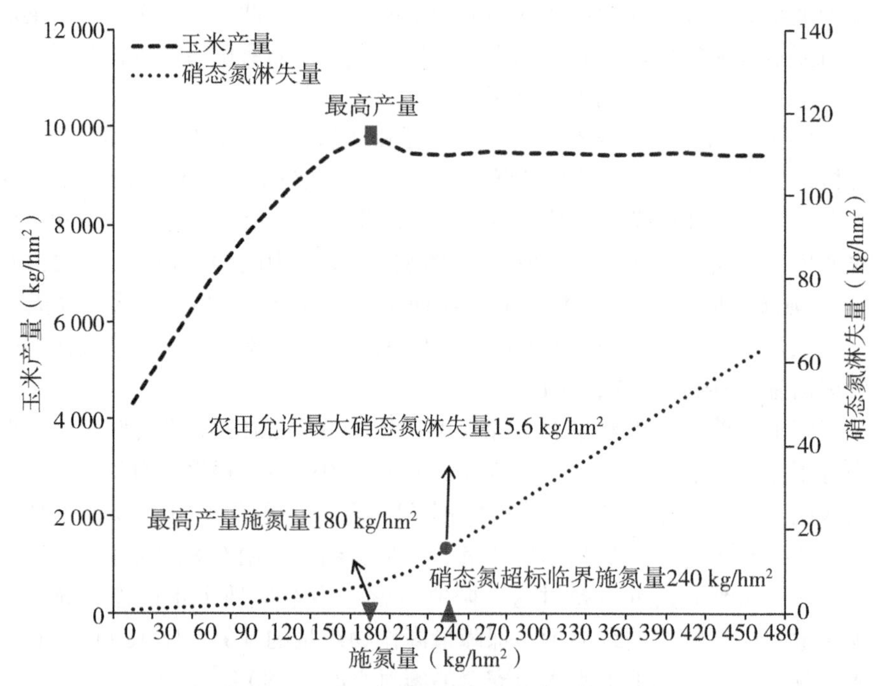

图 1-7　施氮量—产量和施氮量—硝态氮淋失量效应双曲线

（每个点均为多年连续结果的平均值）

量、经济效益、氮素平衡等都是常用的判定指标。然而，对大多数农户来讲，产量仍然是确定农田施氮量最优先的衡量标准，因此，不管何种施氮量推荐方法，无论首先关注农学效应还是首先考虑环境效应，产量都是一个必须考量的指标。

在当前环境问题尤其是农田面源污染日益凸显的情况下，从源头控制氮素污染风险，定量农田施氮行为对环境的实际污染程度，探索以环境保护为目标的农田临界施氮量是十分必要的，只要农田施氮量不超过临界施氮量，则环境问题就不能归咎于农田施氮行为。然而，目前农田氮素环境排放并无明确限制标准，要探索临界施氮量亟须一个切入点，《地下水质量标准》提供了这种可能，虽然以此限制根区淋溶水硝态氮含量较为苛刻，但这一方法可最大限度地防止由农田施氮引起的地下水硝酸盐污染。

确定农田合理施氮量是以“施氮总量”为切入点、“4R”优化再优化的动态过程，还应该注意到，氮肥过量施用对氮素气态损失的影响也非常大，在当前大气污染以及温室效应愈发严峻的情况下，为了提高氮肥利用率并尽可能地降低氮肥损失，优化或限制农田施氮量、实施国家及区域氮素调控等实质性措施势在必行。

1.4 研究目的

鉴于当前可用于确定农田合理施氮量的指标较多，且无统一标准，本研究以华北平原典型的小麦玉米轮作种植为研究对象，采取文献搜集、模型模拟和实地试验相结合的方法，首先，分析以不同指标为基础所确定的最佳施氮量之间的差异及其应用效果，并阐述各个优化施氮量在不同情景下的适用性。然后，基于氮肥施用后的产量和环境效应，探索分析区域尺度作物合理施氮量及其确定方法。

1.5 研究内容

1.5.1 国际氮肥施用研究发展态势文献计量分析

基于 ISI Web of Science 数据库，采用文献计量学方法，根据发文量、发文机构、发文期刊以及论文被引频次等指标，对全球发表于 1957 年至 2014 年 8 月的关于农田施氮的 SCI 文献进行了数量和质量分析。

1.5.2 田块尺度基于不同指标的合理施氮量确定方法对比

以分布在华北平原 6 个田块尺度的农田施氮量梯度同步试验为基础，根据氮肥施用量与作物产量、籽粒吸氮量、植株整体吸氮量、经济效益、环境成本、氮素利用率、氮素平衡 7 个指标之间的关系，确定 7 种最佳施氮量，并分析这些最佳施肥量之间的差异及其适用性。

1.5.3 基于 DNDC 模型的华北夏玉米/大豆—冬小麦轮作合理施氮量研究

针对夏播四行玉米与六行大豆间作种植模式，在施用基肥的基础上，设置不同的玉米追肥处理，采用 DNDC 模型模拟不同夏播种植模式及其后茬冬小麦的产量和吸氮量，验证 DNDC 模型模拟间作种植模式的适用性，并用经验证的模型评价长期间作种植模式下减施氮肥的可行性。

1.5.4 区域尺度基于产量和环境效应的作物合理施氮量确定

利用文献数据搜集和实地试验相结合的方法，在全面综述华北平原作物产量和氮肥施用环境效应的基础上，综合考量施氮量与产量、环境效应（残留土壤氮，硝酸盐浸出和氨挥发）之间的变化关系，确定区域尺度作物合理施氮量。

1.6 技术路线

为了平衡氮肥过量施用的产量与环境效应、确定不同尺度的农田作物合理施氮量，本研究以我国华北地区粮食作物农田为研究对象，采用文献计量学、文献数据搜集、实地监测与模型模拟相结合的方法，首先，采用文献计量学手段，分析当前国际氮肥施用研究领域的研究热点、发展态势。其次，根据多地冬小麦夏玉米轮作农田施氮量梯度同步试验，分析氮肥施用量与其中不同指标之间的关系，明确7种最佳施氮量及其差异。再次，分析了DNDC模型模拟夏播大豆、玉米单间作及其对后茬冬小麦产量影响的适宜性，明确夏播玉米间作大豆可以在保障高产的同时大幅度降低农田实际施氮量的可行性。从次，全面综述了华北平原小麦季氮肥施用产量和环境效应，论述了区域尺度小麦合理施氮量。最后，提出了改变传统的以农学效应为主确定合理施氮量的思路、基于环境效应探索农田允许最大施氮量的研究设想。技术路线如图1–8所示。

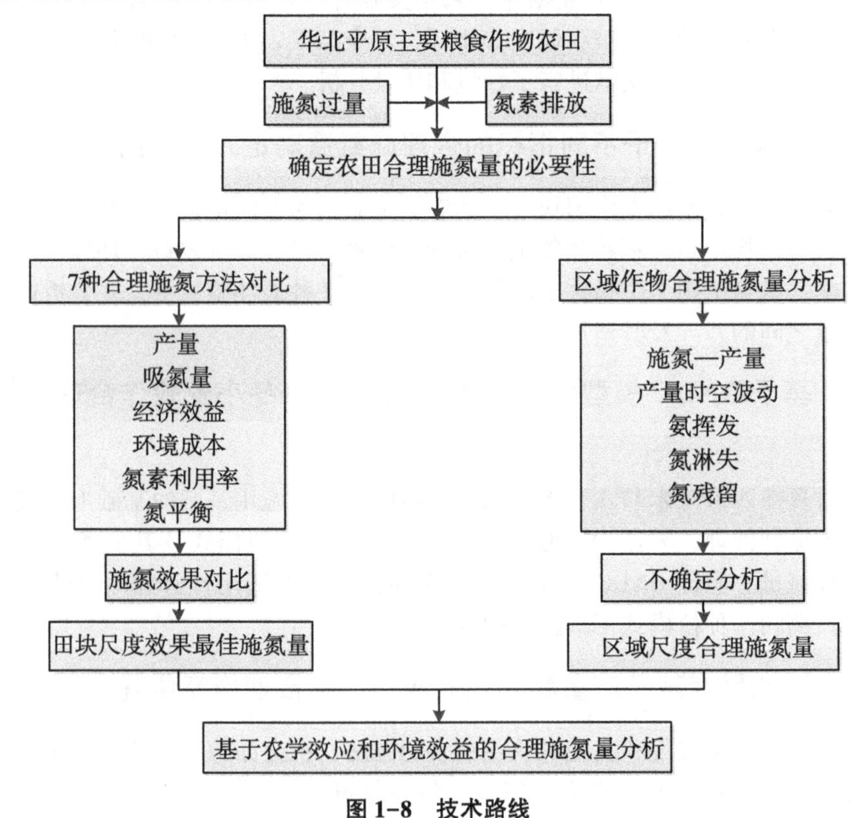

图1–8 技术路线

2 材料与方法

2.1 华北平原概况

华北平原也被称为黄淮海平原（34.8°~40.4 °N，112.5°~119.5 °E），包括黄河、淮河、海河流域中下游的京、津、冀、鲁、豫大部以及苏北、皖北、黄河支流的汾渭盆地和长江流域的南阳盆地，平均海拔低于 50 m，面积超过 30 万 km^2，共计 636 个县，耕地面积 2 735 万hm^2，土壤类型以潮土、褐土、棕壤为主。该区气候属于温带大陆性季风气候，夏季湿润炎热，冬季干燥寒冷，年平均气温 14~15 ℃，年降水量 500~900 mm，年蒸发量 800~1 200 mm，每年无霜期约 200 d。80%的年降水量主要集中在 6—10 月，但月降水量分布不均匀，且不同年份之间降水差异很大，因此在干旱年份，作物灌溉至关重要。该地区的典型土壤类型是褐土和潮土，主要来自黄河、淮河和海河及其支流的冲积黄土。土壤容重范围为 1.1~1.5 g/cm^3，其 0~20 cm pH 值范围为 7.5~8.5，土壤有机质（SOM）和总氮（TN）含量分别为 1.0%~1.5%和 1.0 g N/kg。本区是我国著名的粮食、棉花、蔬菜和果树产区，粮食作物以小麦、玉米为主，兼有少量水稻、大豆、甘薯，种植制度以小麦—玉米轮作最为普遍，北部温度较低的地区以种植春玉米为主。冬小麦在 10 月播种，次年 6 月收获，玉米生长期为 6—10 月。本区地形平坦，肥料、农药投入量高，灌溉条件好，肥料和农药淋溶污染是本区种植业污染的主要表现形式。

2.2 数据来源

2.2.1 国际氮肥施用研究发展态势文献计量分析

以 ISI Web of Science 数据库的全部期刊为检索对象，限定发表时间为 1957 年 1 月至 2014 年 8 月，对“农田中氮肥施用”主题的 SCI 论文进行检索、数据清理、文献分类和主题分析。为检索出与“氮肥施用的农学与环境效应”主题相关的研究与综述论文，以农业和氮肥作为关键词构建检索策略［TOPIC：(Farmland or field or agriculture or farming) and ("nitrogen fertiliz * " or "N fertiliz * " or "fertiliz * nitrogen" or "fertiliz * N")］。对检索的相关文献利用Microsoft Excel 统计相关数据信息，采用发文数量和被引频次对农田氮肥效应研究的国家、机构、出版期刊等进行研究分析，统计时均以第一作者、第一研究机构为标准。利用汤森路透公司研发的TDA（Thomson Data Analyzer）软件，将选择的高频关键词与全部关键词进行相关分析并形成相互关系数矩阵，相互关系数矩阵显示的是某一数据表中各项目基于另外一张数据表的相关性，创建相互关系数矩阵需两个字段，第一个字段是矩阵中的行与列（通常为自己定义的一组数据），第二个字段是分析行与列中项目相关关系的基础；根据相互关系数矩阵绘制相互关系图，以揭示这些主题之间的关联性的紧密程度，其相关关系图中点的大小表示这一关键词下涉及的文献量，点之间线的粗细表示两个主题关键词之间的相关程度，线越粗，就表示越紧密。

2.2.2 基于不同指标的合理施氮量推荐方法对比

为了明确不同施氮量对产量、氮吸收、经济效益、环境治理成本、氮素利用以及氮素平衡的影响，本研究在华北平原4个省份布置了6个基于玉米小麦轮作种植的田间试验（北京BJN1，河北HAN1、HAN2，河南HEN1，山东SDN1、SDN2），各试验点采用相同的施氮梯度和田间管理措施。各点位试验开始前土壤基本理化性质如表2-1所示，田间管理措施如表2-2所示。

表2-1 华北平原各试验点位土壤基础理化性质

点位	经度	纬度	总氮 (g/kg)	有机质 (g/kg)	pH值	容重 (g/cm^3)	土壤质地	土壤类型
BJN1	116.87	40.11	0.77	10.30	8.0	1.55	沙壤土	褐潮土
HAN1	114.54	35.67	0.85	14.7	7.8	1.41	沙壤土	褐潮土
HAN2	114.02	33.27	1.10	16.9	7.1	1.45	沙壤	潮土
HEN1	114.38	38.13	1.05	19.8	7.8	1.45	重壤	黄褐土
SDN1	117.18	36.20	1.02	18.89	7.4	1.54	中壤	淋溶褐土
SDN2	117.98	36.96	1.09	18.81	8.5	1.42	沙壤土	潮土

每种作物设置6个不同的施氮量梯度（小麦0~400 kg N/hm^{2}和玉米0~300 kg N/hm^2），采用完全随机区组设计，每个处理3次重复，氮肥供试品种为尿素（46%N）。每种作物播种时，50%的氮肥和所有磷钾肥作基肥在耕层施用，50%氮肥在拔节期作追肥施用。玉米和小麦施磷量分别为44 kg P/hm^{2}和39 kg P/hm^2（以16%P_2O_5过磷酸钙的形式），施钾量分别为100 kg K/hm^{2}和66 kg K/hm^2（以60%K_2O氯化钾的形式）。由于降雨足以满足玉米生长需求，因此玉米不灌溉，小麦季苗期、拔节期和灌浆期灌溉量分别为80 mm、82.5 mm和75 mm。

表2-2 各试验点位农田管理措施

作物	点位	施氮量（kg/hm^2）			基肥	追肥	灌溉（mm）	监测时间
		N	P	K				
玉米	BJN1 HAN1 HAN2 HEN1 SDN1 SDN2	0 113 150 188 225 300	44	100	50% N 100% P 100% K	拔节期 50% N	无灌溉	2011年6—10月 2012年6—10月 2013年6—10月
小麦	BJN1 HAN1 HAN2 HEN1 SDN1 SDN2	0 150 200 250 300 400	39	66	50% N 100% P 100% K	拔节期 50% N	苗期80 拔节期82.5 灌浆期75	2011年10月至2012年6月 2012年10月至2013年6月

2.2.3 基于DNDC模型的华北地区周年轮作种植合理施氮量研究

选择位于河北省徐水区留村乡荆塘铺村的旱地农田（38°09′~39°09′N，115°19′~115°46′E），该地处于保定市区与徐水区城之间城郊地区，在县城南部偏西不足10 km，属大陆性季风气候，四季分明，光照充足，自然环境良好。年平均气温11.9℃，年无霜期平均184 d，年均降水量546.9 mm，年日照时数平均2 744.9 h。供试土壤为褐土，土壤基本理化性质见表2-3；该地种植作物以小麦、玉米为主，多为一年两熟的冬小麦—夏玉米轮作，也有少量一年一熟的春玉米单作，该地区土壤类型、种植模式等均具有较强的代表性。模型运行所需的基本土壤参数来源于实地采样或已发表的相关文献（Li，2007）。

表 2-3　供试土壤理化性质

土层（cm）	pH 值	全氮（g/kg）	全磷（g/kg）	全钾（g/kg）	有机质（g/kg）	速效磷（mg/kg）	速效钾（mg/kg）	NH_4^+-N（mg/kg）	硝态氮（mg/kg）	容重（g/cm^3）
0~20	8.70	1.09	0.764	23.4	18.56	8.984	82.45	1.24	12.95	1.32
20~40	8.61	0.60	0.595	23.3	10.62	3.336	68.92	1.64	7.41	1.33
40~60	8.63	0.52	0.532	23.7	9.84	2.635	68.46	1.34	4.93	1.33
60~80	8.56	0.49	0.580	23.4	8.51	3.052	95.50	1.72	4.61	1.35
80~100	8.55	0.60	0.503	23.2	9.65	3.165	114.16	1.45	4.01	1.42

在夏玉米冬小麦传统轮作种植模式的基础上，在夏播玉米季引入大豆进行玉米大豆间作种植，具体间作种植模式［玉米/大豆 4：6 种植模式（Zhang et al., 2015a）］见图 2-1，具体种植参数见表 2-4。在施用相同基肥的基础上，设置不同的玉米追肥处理，具体处理为：不追肥（N0）、追肥 75 kg/hm^2（N75）、追肥 180 kg/hm^2（N180）。施肥方法为：播种时整个农田施用等量基肥，其后大豆不再追肥，玉米在播种后 40 d（大喇叭口期）追施不同量的氮肥；每个处理 3 次重复，随机区组排列。小区长 10 m，宽 9 m，面积 90 m^2，玉米、大豆带宽均为 1.5 m，其中每个小区均包括交错排列的 2 个玉米条带和 3 个大豆条带，相邻的玉米条带与大豆条带间距 30 cm，各条带均采用等行距种植，玉米行距 50 cm，株距 25 cm，大豆行距 30 cm，株距 20 cm；各小区间用宽 1 m 的隔离带隔开，隔离带不种植作物。

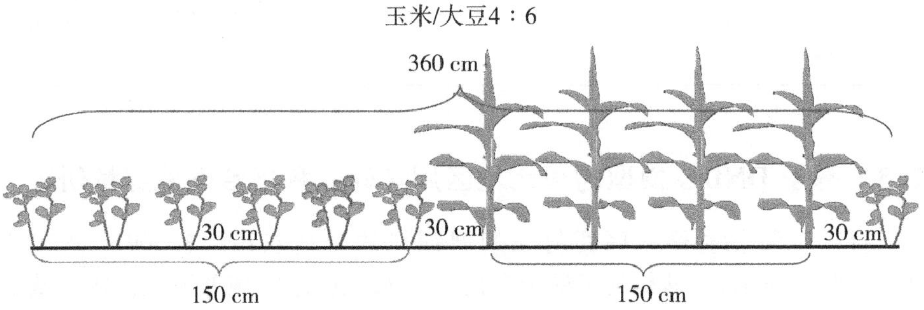

图 2-1　玉米/大豆 4：6 种植模式结构

玉米品种为河南省农业科学院种业有限公司生产的秋乐‘郑单 958’，大豆品种为中国农业科学院作物科学研究所选育的‘中黄 30’。大豆按当地种植的推荐施肥量施用，大豆施纯氮（N）45 kg/hm^2、纯磷（P_2O_5）75 kg/hm^2、纯钾（K_2O）75 kg/hm^2，全部做基肥施用；玉米基肥纯氮（N）45 kg/hm^2、纯磷

(P_2O_5) 75 kg/hm^2、纯钾 (K_2O) 75 kg/hm^2。

玉米和大豆于2011年6月24日同日播种，播种前，试验地统一施用农药以防除杂草及病虫害；播种时，采用播种施肥一体机一次性完成操作，播种后灌溉一次，出苗后及时间定苗；玉米大喇叭口期只在玉米条带追施氮肥（DAP40，播种后40 d），作物生长期间及时人工除草，10月6日收获。玉米和大豆收获后，2011年10月7日在原有处理小区上继续种植冬小麦，播种时采用播种施肥一体机一次性完成操作，基肥施用纯氮（N）112.5 kg/hm^2、(P_2O_5) 75 kg/hm^2、纯钾 (K_2O) 75 kg/hm^2，小麦拔节期追施氮肥112.5 kg/hm^2，小麦生育期灌溉5次，分别为出苗水、越冬水、起身水、孕穗水、灌浆水，灌水量分别为40 mm、60 mm、60 mm、70 mm、70 mm和70 mm，并于2012年6月17日收获。其中，玉米施氮量225 kg/hm^2、大豆施氮量45 kg/hm^2、小麦施氮量225 kg/hm^2 为各作物在当地单作种植时的推荐施肥量。

表 2-4 作物不同种植模式具体种植参数

季节	作物	行距 (cm)	株距 (cm)	带宽 (cm)	作物间距 (cm)	试验面积 (m^2)	种植密度 (株/hm^2)
夏季	单作玉米	大行80；小行50	25	—	—	70	60 984
	单作大豆	35	20	—	—	70	283 216
	间作玉米	50	25	150	30	110	44 000
	间作大豆	30	20	150			165 200
冬季	小麦	15	—	—	—	70~110	3 000 000

2.2.4 区域尺度基于产量和环境效应的作物合理施氮量确定

采用实地监测、文献搜集和模型模拟相结合的方法，阐述氮肥施用对小麦产量、环境效应及产量波动的影响。实地监测用于阐明小麦产量、淋溶系数和氨挥发系数的空间差异；文献数据搜集用于建立施氮量—产量效应曲线；DNDC模型用于阐明某一特定点位小麦产量随时间的变化及其年际波动。

2.2.4.1 实地监测

设置8个实地监测试验（表2-5），其中，与2.2.1试验设置相同，6个试验点与文献搜集数据一起用以确定小麦产量随施氮量的变化，BJN1还用以确定小麦生长季氨挥发比例系数。此外，BJN2用以进行模型参数率定和验证。

表 2-5 实地试验

试验分类	点位	经度（°E）	纬度（°N）	施肥量（kg/hm²） N	P	K	监测时期
产量试验	BJN1	116.87	40.11	0，150，200，250，300，400	39	66	2011—2013
	HAN1	114.54	35.67	0，150，200，250，300，400			
	HAN2	114.02	33.27	0，150，200，250，300，400			
	HEN1	114.38	38.13	0，150，200，250，300，400			
	SDN1	117.18	36.20	0，150，200，250，300，400			2011—2014
	SDN2	117.98	36.96	0，150，200，250，300，400			
模型模拟	BJL2	116.38	40.37	0，180	80	300	2007—2008
氨挥发监测	BJN1	116.87	40.11	0，150，200，250，300，400	39	66	2012—2013

2.2.4.2 文献数据搜集

为了搜集关于华北平原小麦产量的文献，以“wheat yield+nitrogen application rate+china”为“Title \ \ keywords \ \ abstract”在中国知网（2014 年前）和 Web of Science（2016 年前）中进行了搜索。然后，对所搜索的文献进行筛选，原则为：①试验设计合理且随机化；②发表在中国的代表性核心期刊文章或论文；③必须涵盖施氮量和小麦产量，并且各处理必须包括氮磷钾平衡施肥。每个处理的氮都以无机氮形式投入，不包括有机肥或绿肥，最终形成的数据集涵盖 59 篇论文的 132 组、593 对数据（表 2-6）。

表 2-6 文献搜集数据

序号	省份	纬度（°N）	经度（°E）	监测时期	文献来源
1	北京	39.97	116.34	1998—1999 年	（Ni et al.，2013）
2	北京	39.97	116.34	2009—2010 年	（Xu et al.，2012）
3	北京	40.15	116.67	2004—2005 年	（Huang et al.，2011）
4	北京	40.15	116.67	2005—2006 年	
5	北京	40.15	116.67	2006—2007 年	
6	北京	39.60	116.80	2008—2009 年	（Huang et al.，2015a）
7	北京	40.20	116.20	2001—2004 年	（Zhao et al.，2010a）
8	北京	39.65	116.25	2012—2014 年	（Zhang et al.，2017b）

（续表）

序号	省份	纬度（°N）	经度（°E）	监测时期	文献来源
9	北京	40.20	116.20	1991—2005 年	（Liu et al.，2010）
10	北京	39.95	119.50	1998—1999 年	（Liu et al.，2003a）
11	北京	39.95	119.50	1999—2000 年	
12	北京	39.60	116.80	2008—2009 年	（Li et al.，2016）
13	北京	39.60	116.80	2009—2010 年	
14	北京	39.60	116.80	2010—2011 年	
15	北京	39.60	116.80	2011—2012 年	
16	北京	39.60	116.80	2005—2006 年	（Li et al.，2009b）
17	北京	39.60	116.80	2006—2007 年	
18	河北	38.13	115.07	2005—2006 年	（Li，2007b）
19	河北	38.13	115.07	2005—2006 年	
20	河北	38.13	115.07	2005—2006 年	（Ji et al.，2010）
21	河北	38.13	115.07	2005—2006 年	（Li，2007b）
22	河北	38.13	115.07	2005—2006 年	（Zhao et al.，2011a）
23	河北	37.19	115.32	2008—2009 年	
24	河北	37.47	115.22	2008—2009 年	
25	河北	38.05	114.52	1999—2000 年	（Ni et al.，2013）
26	河北	38.05	114.52	1999—2000 年	
27	河北	36.79	114.95	2010—2011 年	
28	河北	37.63	116.40	2011—2012 年	（Zhang et al.，2013b）
29	河北	37.63	116.40	2004—2005 年	（Zhang et al.，2007a）
30	河北	38.05	114.82	2008—2009 年	（Li et al.，2011a）
31	河北	38.77	115.50	2008—2009 年	
32	河北	38.82	116.22	2007—2008 年	（Zhao et al.，2011b）
33	河北	38.82	116.22	2007—2008 年	
34	河北	36.60	114.54	2008—2009 年	（Liu et al.，2011a）
35	河北	36.60	114.54	2008—2009 年	
36	河北	36.60	114.54	2008—2009 年	

（续表）

序号	省份	纬度（°N）	经度（°E）	监测时期	文献来源
37	河北	38.87	115.97	2008—2009年	（Zhao et al.，2011c）
38	河北	38.97	115.94	2008—2009年	
39	河北	37.88	115.70	2009—2010年	（Zhao et al.，2014）
40	河北	37.88	115.70	2010—2012年	
41	河北	37.88	115.70	2012—2013年	
42	河北	37.70	115.70	1981—2003年	（Yang et al.，2015a）
43	河北	37.08	115.17	2007—2008年	（Wang et al.，2016a）
44	河北	37.68	116.62	2011—2014年	（Wang et al.，2016b）
45	河北	37.88	114.67	2001—2004年，2012—2013年	（Manevski et al.，2016）
46	河北	36.15	115.00	2007—2013年	（Lu et al.，2016）
47	河北	37.50	116.33	1981—2011年	（Liu et al.，2015）
48	河北	37.88	114.68	2001—2002年	（Hu et al.，2006）
49	河北	37.88	114.68	2002—2003年	
50	河北	36.00	115.00	2010—2011年	（Hartmann et al.，2015）
51	河北	36.00	115.00	2011—2012年	
52	河南	34.75	113.63	1997—1998年	（Ni et al.，2013）
53	河南	35.00	144.50	2007—2009年	（Wang et al.，2011a）
54	河南	35.28	114.23	2008—2009年	（Si et al.，2013）
55	河南	35.28	114.23	2009—2010年	
56	河南	34.97	113.17	2004—2005年	（Han et al.，2007）
57	河南	34.87	113.60	2004—2005年	
58	河南	32.30	115.20	2012—2013年	（Geng et al.，2016）
59	河南	32.30	115.20	2013—2014年	
60	河南	32.30	115.20	2014—2015年	
61	河南	34.78	113.65	2001—2004年	（Zhao et al.，2010a）
62	河南	34.78	113.65	1991—2005年	（Liu et al.，2010）
63	河南	35.00	114.40	2008—2010年	（Huang et al.，2015b）
64	河南	35.07	113.17	1990—2003年	（Cai and Qin，2006）

（续表）

序号	省份	纬度（°N）	经度（°E）	监测时期	文献来源
65	山东	36.96	117.98	2008—2009年	(Xu et al., 2010)
66	山东	37.50	117.52	2002—2003年	(Zhong, 2004)
67	山东	37.65	120.49	2003—2004年	(Shi et al., 2007)
68	山东	37.65	120.49	2003—2004年	(Zhao, 2004)
69	山东	36.12	118.03	2009—2010年	(Duan et al., 2012a)
70	山东	36.12	118.03	2010—2011年	
71	山东	37.34	119.96	2007—2009年	(Zhao et al., 2010b)
72	山东	36.00	117.00	2004—2005年	(Ye et al., 2010)
73	山东	36.00	117.00	2004—2005年	
74	山东	35.67	116.79	2004—2005年	
75	山东	35.67	116.79	2004—2005年	
76	山东	36.00	117.00	2005—2006年	
77	山东	36.00	117.00	2005—2006年	
78	山东	35.78	116.70	2005—2006年	
79	山东	35.78	116.70	2005—2006年	
80	山东	35.43	117.82	2009—2010年	(Wu et al., 2012)
81	山东	35.43	117.82	2010—2011年	
82	山东	35.43	117.82	2009—2010年	
83	山东	35.43	117.82	2010—2011年	
84	山东	37.66	120.42	2003—2004年	(Shi et al., 2006)
85	山东	37.64	120.40	2002—2003年	(Zhao et al., 2006a)
86	山东	37.64	120.40	2002—2003年	(Zhao et al., 2006b)
87	山东	36.17	117.16	1999—2000年	(Wang et al., 2003)
88	山东	36.17	117.16	1999—2000年	
89	山东	36.17	117.16	1999—2000年	
90	山东	36.17	117.16	1999—2000年	

（续表）

序号	省份	纬度（°N）	经度（°E）	监测时期	文献来源
91	山东	36.17	117.16	2004—2005年	（Yu，2006）
92	山东	36.17	117.16	2004—2005年	
93	山东	36.17	117.16	2004—2005年	
94	山东	36.17	117.16	2004—2005年	
95	山东	36.17	117.16	2004—2005年	
96	山东	36.17	117.16	2004—2005年	
97	山东	37.66	120.42	2003—2004年	（Wang，2005）
98	山东	37.64	120.40	2002—2003年	（Ma et al.，2006）
99	山东	36.17	117.16	2003—2005年	（Ju，2006）
100	山东	36.17	117.16	2003—2005年	
101	山东	36.17	117.16	2008—2010年	（Cao et al.，2011）
102	山东	36.17	117.16	2008—2010年	
103	山东	36.17	117.16	2008—2010年	
104	山东	36.17	117.16	2008—2010年	
105	山东	36.17	117.16	2008—2010年	
106	山东	36.17	117.16	2008—2010年	
107	山东	36.17	117.16	2008—2010年	
108	山东	36.17	117.16	2008—2010年	
109	山东	36.95	118.27	2008—2009年	（Feng et al.，2012）
110	山东	36.95	118.27	2008—2009年	
111	山东	36.95	118.27	2009—2010年	
112	山东	36.95	118.27	2009—2010年	
113	山东	35.40	116.40	2005—2006年	（Ma et al.，2010）
114	山东	35.40	116.40	2005—2006年	
115	山东	35.40	116.40	2005—2006年	
116	山东	35.40	116.40	2005—2006年	

（续表）

序号	省份	纬度（°N）	经度（°E）	监测时期	文献来源
117	山东	37.35	116.57	2009—2012 年	（Sun，2013）
118	山东	37.35	116.57	2009—2012 年	
119	山东	37.35	116.57	2009—2012 年	
120	山东	37.35	116.57	2009—2012 年	
121	山东	36.12	118.03	2009—2010 年	（Duan et al.，2012b）
122	山东	36.12	118.03	2010—2011 年	
123	山东	36.33	117.22	2009—2010 年	（Zheng et al.，2016a）
124	山东	36.33	117.22	2010—2011 年	
125	山东	36.33	117.22	2011—2012 年	
126	山东	36.33	117.22	2012—2013 年	
127	山东	36.33	117.22	2013—2014 年	
128	山东	36.15	117.15	2013—2014 年	（Zheng et al.，2016b）
129	山东	36.15	117.15	2014—2015 年	
130	山东	36.15	117.15	2012—2013 年	（Wang et al.，2015a）
131	山东	36.15	117.15	2013—2014 年	
132	山东	36.95	116.60	1994—2006 年	（Dai et al.，2013）

2.2.5 模型模拟

为了验证 DNDC 的适用性，利用 BJL2 的实地监测数据进行产量和硝酸盐淋溶模拟。收集气象、土壤和田间管理数据以运行 DNDC 模型（Zhang et al.，2015b），模型经率定和验证后，对 2008—2021 年的小麦产量进行模拟和预测，显示小麦产量随时间变化。模型预测时，2007—2013 年的气候数据来自监测点附近的气象站，2014—2021 年的数据来自中国国家气象中心的预测。

2.3 DNDC 模型

DNDC（DeNitrification-DeComposition）模型始于 1989 年，由美国新罕布什尔大学创建，最初，该模型是为了模拟美国农田一氧化二氮的排放而开发的

(Li et al., 1992a, 1992b), 在过去的20多年里, 该模型被扩展到评估农业生态系统的C和N循环, 包括甲烷排放、氨挥发、土壤有机碳和土壤气候的变化、作物生产和硝酸盐浸出等过程 (Zhang et al., 2015b; Li et al., 1997; Li, 2000; Li et al., 2005; Li et al., 2006; Deng et al., 2011), 现在已经是全面描述土壤碳氮循环过程的机理模型, 该模型可以模拟碳氮在点位和区域尺度上土壤—植物—大气之间的迁移转化过程, 该模型是目前较为成功的生物地球化学模型之一, 尤其是模拟估算温室气体 (CO_2、N_2O 和 CH_4 等) 的排放、土壤有机碳 (SOC) 的动态变化, 已在包括中国在内的许多国家得到应用和验证, 并且鉴于该模型考虑了碳氮元素在整个生态系统中的循环过程, 氮素的淋溶模拟也较为准确。

DNDC利用气象数据、土壤特性、作物和养分管理实践等生态驱动因素的输入, 模拟土壤环境, 如温度、水分含量、Eh、pH值和基质浓度梯度。此外, DNDC模拟作物生长和营养物质的周转, 包括微生物相关的硝化、反硝化和发酵过程。DNDC模型链接了生态驱动因子和碳氮生物地球化学循环, 包括两大部分共6个子模型, 第一部分包括土壤气候、农作物生长、有机质分解3个子模型, 这一部分主要是利用气候、土壤、植被和人类活动等生态驱动因子模拟土壤温度、水分、酸碱度、氧化还原电位和底物浓度等, 这一部分还量化了作物的生长过程以及作物生育期间的水氮吸收; 第二部分包括硝化、反硝化和发酵作用3个子模型, 这一部分主要模拟土壤环境条件对微生物活动的影响, 通过量化硝化、反硝化和分解过程计算各种温室气体的排放以及氮素的迁移转化。模型的运行需要地理信息、气象信息、土壤和作物管理等一系列参数, 其中地理信息包括纬度、大气碳氮背景值等, 气象参数包括每日最高温、最低温、降水、风速、相对湿度等, 土壤参数包括土地利用类型、质地类型、土壤结构、初始土壤有机质、初始土壤氮等, 作物管理参数包括农田管理、农作物管理、耕作、化肥施用、有机肥施用、灌溉、淹灌、覆膜、放牧等。本研究中模型运行所需参数绝大部分来自实地监测, 参数输入后, 模型开始运行, 将模型模拟的结果与实地监测结果进行对比, 并调整输入的相关参数, 使模拟结果与监测结果趋于一致。

在DNDC模型中, 有一个模拟作物生长的组件, 在模拟过程中每天计算作物的光合作用、呼吸作用、碳分配、水分和氮素吸收。水分和氮素吸收都取决于土壤氮素分布、土壤含水量和根系长度等因素。水分利用取决于与叶面积指数和气候条件相关的潜在蒸腾作用。水分利用取决于与叶面积指数和气候条件相关的潜在蒸腾作用。当潜在蒸腾作用相对于正常或实际供水时, 模拟水分胁迫。作物对氮素的需求量可以根据作物的最佳生长状态和植株每日的碳氮比来计算, 而当植株对氮素的吸收低于临界值时，则会受到氮素胁迫的抑制。

本研究中，使用了 DNDC95 版本（Hampshire，2013）。建立 DNDC 模型，相关输入包括每日气象数据（最高和最低温度、降水、风速和湿度）、大气 N 沉降和 NH_3 浓度、土壤信息（质地、pH 值、容重和 SOC 含量）以及农作物、耕作、施肥和灌溉的田间管理实践。在模拟过程中，50 cm 土壤剖面的特征是大部分作物根系集中在 0~50 cm。为了验证 DNDC 对间作模拟的适用性，首先对模型进行校正，采用 N180 处理玉米和大豆间作，然后与小麦轮作。将模拟作物产量和吸氮量与实测值进行比较。基于前人研究（Li，2007a），土壤和作物参数默认值和调整值的比较分别见表 2-7 和表 2-8。参数校正后，进一步验证了 DNDC 模拟玉米或大豆与小麦轮作制度下 N0 和 N75 处理的作物产量和吸氮量。最后，利用 1955—2012 年的气候数据，以 1955—1959 年的前 5 年作为模型稳定运行期，将验证后的模型用于不同种植制度下的长期产量模拟，旨在检验与传统的玉米—小麦轮作相比，夏季间作是否具有长期的产量优势。

表 2-7 土壤参数校正

土壤参数	默认	调参	数据来源
黏粒含量	0. 19	0. 25	实测
容重（g/cm^3）	—	1. 53	实测
田间持水量	0. 49	0. 49	默认
电导率（S/m）	0. 0250	0. 0250	默认
土壤 pH 值	—	7. 8	（Li，2007）
萎蔫点系数	0. 22	0. 22	默认
孔隙度	0. 451	0. 451	默认
土壤有机碳（kg C/kg）	—	0. 01077	实测
硝态氮（mg N/kg）	—	12. 95	实测
铵态氮（mg N/kg）	—	1. 24	实测

在模拟过程中，分别建立了间作玉米和大豆的最大生物量生产参数。由于 DNDC 模型不能对间作作物施氮进行分离，因此在玉米和大豆同时生长期采用相同的施肥制度进行模拟。这与传统的间作玉米追施氮肥、间作大豆仅基施氮肥的耕作方式不同，但由于大豆能固定大气氮素，且氮素不是限制因素，因此模型中对大豆施氮参数的设置并不影响模型模拟产量和吸氮量的结果。

表 2-8　作物参数校正

作物	参数	最大生物量 kg C/（hm^2·a）			比例			生物量 C/N 比			积温（℃）	单位干物质需水（g）	作物固氮/土壤氮	最适温度（℃）
		籽粒	叶	茎	籽粒	叶	茎	籽粒	叶	茎				
间作玉米	默认	4 124	2 268	2 268	0.40	0.22	0.22	50	80	80	2 550	150	1.0	30
	调参	3 500	1 540	1 540	0.50	0.22	0.22	40	55	65	2 500	220	0	30
间作大豆	默认	1 229	773	773	0.35	0.22	0.22	10	45	45	1 500	350	2.5	25
	调参	1 180	519	519	0.50	0.22	0.22	8	20	25	2 500	120	3.0	25
小麦	默认	3 120	1 598	1 598	0.41	0.21	0.21	40	95	95	1 300	200	1.0	22
	调参	3 690	1 476	1 476	0.50	0.20	0.20	25	30	50	2 200	190	0	16

2.4 样品采集及测定

2.4.1 样品采集

2.4.1.1 土样

基础土样：在监测开始前，采用多点混合采样法采集基础土壤样品，分0~20 cm、20~40 cm、40~60 cm、60~80 cm、80~100 cm 5个层次。

收获后土样：每季作物收获后，采集各小区0~20 cm、20~40 cm、40~60 cm、60~80 cm、80~100 cm土壤样品，样品分为风干样和鲜土样分别保存测试。

2.4.1.2 植株样

按经济产量和废弃物两部分分别采集、制备植物样品，并记录其产量。计产后，按照经济部分和废弃物部分分别制样，植株样在称其鲜重后，105℃杀青后，65℃烘干保存并测定指定指标。

2.4.1.3 水样

淋溶水：每次灌溉后的2~4 d、下次灌溉之前，或在雨季的连续小雨时期，可根据降水量大小及接液瓶容量，间隔2~3 d采集水样，每次采集记录抽取的淋溶液总量，摇匀后，取2个混合水样。

降水：在每次测量降水量后，摇匀量雨器内降水，将降水分装到2个样品瓶。

灌溉水：每次灌水过程中分3~5次在进入试验田的入水口取水，倒入水桶中，摇匀后，采集水样。水样采用冷藏保鲜箱运输，如当天未能测试，进行冷冻保存。

2.4.2 样品测定

土样测定有机质、全氮、硝态氮、铵态氮等指标，水样测试全氮、可溶性总氮、硝态氮和铵态氮含量等指标，植株测定全氮指标，测试方法见表2-9。

表2-9 样品检测方法

样品类别	测试指标	检测方法	标准号
新鲜土壤	铵态氮 硝态氮	0.01 mol/L $CaCl_2$ 浸提	流动注射分析法

（续表）

样品类别	测试指标	检测方法	标准号
风干土壤	有机质	土壤有机质测定法	GB 9834—88
	全氮	土壤全氮测定法（半微量开氏法）	GB 7173—87
	全磷	土壤全磷测定法	GB 837—88
	有效磷	石灰性土壤有效磷测定方法	GB 12297—90
	速效钾	森林土壤速效钾的测定	LY/T 1236—1999
	pH 值	森林土壤 pH 值的测定	LY/T 1239—1999
植株	全氮	植物全氮的测定	SSC-26.3，38.2.2
淋溶水	总氮	碱性过硫酸钾消解紫外分光光度法	GB11894—89
降水	铵态氮	水杨酸分光光度法	GB7481—87
灌溉水	硝态氮	紫外分光光度法	HJ/T346—2007

2.5 数据处理与计算方法

2.5.1 试验数据

采用 Microsoft Excel 2010 制图，数据差异的显著性分析采用 SPSS19.0（One-Way ANOVA）软件进行，线性加平台曲线采用 SAS 9.2 软件线性加平台方程拟合。

2.5.2 年度降水量

$$R(\mathrm{mm}) = \sum (WR_1 + WR_2 + \cdots + WR_n)$$

2.5.3 年度降水携带氮量

$$NR(\mathrm{kg/hm^2}) = \sum (WR_1 \times C_1 + WR_2 \times C_2 + \cdots + WR_n \times C_n)$$

2.5.4 年度淋失水量

$$L(\mathrm{mm}) = \sum (WL_1 + WL_2 + \cdots + WL_n)$$

2.5.5 年度硝态氮淋失量

$$NL(\text{kg/hm}^2) = \sum (WL_1 \times C'_1 + WL_2 \times C'_2 + \cdots + WL_n \times C'_n)$$

其中，WR_n 是一年内第 n 次采集降水量（mm），WL_n 是第 n 次采集的淋失水量（mm），C_n 为一年内第 n 次降水样品氮浓度（mg/L），C'_n 为第 n 淋失水样氮浓度（mg/L）。

2.5.6 籽粒或植株吸氮量（kg/hm^2）

为干物质量与籽粒（kg/hm^2）或植株氮含量的乘积（%）。

2.5.7 经济效益

$$E = Y \times P - LF - FF - SF - MF$$

其中，E 为经济效益（元/hm^2），Y 是产量（kg/hm^2），P 是粮食价格（元/kg）,LF 是劳动力费用（元/hm^2），FF 是肥料价格（元/hm^2），SF 是种子价格（元/hm^2），MF 是机械费用（元/hm^2）。2011—2013 年的各种肥料价格来源于中国国家统计局网站（http：//www.stats.gov.cn/）和国家产品成本调查网站（http：//www.npcs.gov.cn/）。过去几年中，单质 N、P、K 的单价分别为 3.60 元/kg、2.90 元/kg、3.80 元/kg，玉米季和小麦季的劳动力投入分别为 1 000 元和 200 元。玉米和小麦的种子价格分别为 6.25 元/kg 和 1.50 元/kg，用量分别为 37.5 kg/hm^2 和 150 kg/hm^2，两季机械费用为 300 元。

2.5.8 考虑环境治理成本的经济效益（E，元/hm^2）

首先计算不同施氮量条件下活性氮污染治理所需要的成本，然后从传统经济效益中减去该成本。由于氮排放可造成生态环境、人体健康和气候变暖等问题，环境治理成本主要为治理这些环境问题的费用（Xia et al.，2016），氮排放（氨挥发、NO_X 排放、N_2O 排放、氮淋溶）计算依据来自文献 Chen et al.（2014a）和 Yan et al.（2003）（表 2-10）。

2.5.9 相对产量计算

$$相对产量（\%）= \frac{y_i}{y_{max}} \times 100$$

相对产量用以分析不同点位间施氮量与实际产量之间的关系，y_i 是某一点位某一施氮量下的作物产量，y_{max} 是该点位的最高作物产量。

表 2-10 氮损失计算公式和环境成本

氮损失	玉米	小麦	单价（元/kg）
NH_3挥发	$1.45+0.24\times N_{rate}$	$-4.95+0.17\times N_{rate}$	37.5
NO_x排放	$0.57+0.0066\times N_{rate}$	$0.57+0.0066\times N_{rate}$	29.6
N_2O 排放	$1.13\times\exp(0.0071\times N_{surplus})$	$0.54\times\exp(0.0063\times N_{surplus})$	83.7
N 淋溶	$25.31\times\exp(0.0095\times N_{surplus})$	$13.59\times\exp(0.009\times N_{surplus})$	9.3

注：N_{rate}指化肥氮施用量，$N_{surplus}$指化肥氮减去地上部作物吸氮量。

2.5.10 产量波动率

$$产量波动率（\%） = \frac{X_i - \overline{X}}{\overline{X}} \times 100$$

X_i 是某一年某一点位某一施氮量下的作物产量，$i=1, 2, 3, 4, \cdots, n$，$\overline{X}$ 是特定施氮量下所有点位所有年份的产量均值。

2.5.11 土地当量比（LER）

土地当量比常被用作表征间作优势的指标（Tariah et al.，1985），主要计算公式如下。

$$\mathrm{LER} = \frac{Y_{im}}{Y_{sm}} + \frac{Y_{is}}{Y_{ss}}$$

其中，Y_{im}（kg/hm^2）和 Y_{is}（kg/hm^2）分别代表间作玉米和间作大豆的产量，Y_{sm}（kg/hm^2）和 Y_{ss}（kg/hm^2）分别为单作玉米和单作大豆的产量，LER>1 为间作优势，LER<1 为间作劣势。

2.5.12 作物吸氮量（N_{up}，kg/hm^2）

$$\mathrm{N_{up}} = M \times N_{con}$$

其中，M 是作物收获后干物质量（kg/hm^2），N_{con}是植株氮浓度（%），分别计算籽粒和茎秆的吸氮量，并进行加和得到总吸氮量。

3 国际氮肥施用研究发展态势文献计量分析

氮是大多数植物正常生长发育必不可少的营养元素，农田施氮的增产作用明显，但氮素损失会导致不同程度的环境风险，第一次污染源普查公告显示，种植业源氮排放量占各类氮污染物总量的34%，而农田过量施氮及施氮后的损失是造成氮排放负荷较大的主要原因（Spiertz，2010）。氮肥施用对全球粮食产量提高的贡献远大于其他农学措施，其中，氮肥对发达国家粮食增产的贡献达到40%以上（Malhi et al.，2001），对发展中国家粮食增产贡献率高达55%（Li et al.,2009c）。然而氮肥施入农田后，除被作物吸收利用外，盈余的氮素主要残留在土壤中，并大部分最终以挥发、淋溶或径流等形式进入大气和水体（Valkama et al.，2013），造成严重的环境问题（Cameron et al.，2013）。研究表明，地表水富营养化和地下水硝酸盐污染与农田氮肥过量施用密切相关，农田施用氮素的20%参与了地表水体富营养化过程（Howarth，1998），过量氮肥施用导致华北农区地下水硝酸盐含量超过饮用水限制标准的比例达50%（Zhang et al.，1996）。农田氮素损失受多种因素影响，损失特征也因地而异，研究不同条件下的农田氮素效应，有助于确定针对性的施氮策略（Asgedom et al.，2011），近年来关于农田氮素效应的研究迅速发展，科技论文发表数量也持续增长。而针对科技论文进行的文献计量分析可以从不同角度揭示某一研究受重视的程度、发展趋势和热点，指示学科内新理论发展方向，对跟踪学科发展、掌握最新进展、实现创新突破、提高科研效率具有重要意义。文献计量学是情报学的一个分支，是对文献进行定量分析研究的科学，在微观上可确定核心文献、评价出版物、考察文献被引率，从而进行图书文献的科学管理，在宏观上可提高图书情报处理效率、评价及预测学科发展趋势等，其价值已经为一些发达国家政府所认识，并为这一研究提供资助（Ahmed et al.，2013；Almeida-Filho et al.，2003；Alvarez et al.，1996）；文献计量学方法被广泛应用于分析各种主题的科研成果和研究趋势，在全球生物多样性（Liu et al.，2011b）、气候变化（Li et al.，2011b）、水资源利用（Wang et al.，2011b）、硝酸盐去除（Huang et al.，2012）等领域均有应用。随着分析技术的进步，进行文献计量分析时，基于ISI（Institute of Scientific Information）的 Web of Science 数据库应用最为广泛（Huang et al.，2012），该数据收录了全球 6 400 多种各学科领域的领先期刊，覆盖面最广，可用于分析国际期刊 SCI 文章的作者、发文机构、国家以及其他主要信息（Monge-Najera et al.，2012）。

农田氮素施用研究分支较多，并且相关论文刊发数量近年来呈迅猛增长的趋势，但是目前仍然缺少对该领域整体发展态势及研究重点的系统分析。利用文献计量学的分析方法，基于 Web of Science 数据库，本章分析了国内外农田施氮研究现状，探讨了其发展态势及研究重点，以期为农业科技工作者选择农田氮肥效应研究热点提供参考，并为探索农田适宜施氮量的确定方法提供理论支撑。

3.1 论文发表数量及发文国家

发文数量和被引频次对揭示学科或专业研究中的相互关系、客观反映论文的使用价值和期刊的质量、评价个人成就等方面有着极其重要的作用，是评价国家、机构和个人的科学影响力的准则。

3.1.1 发文量

在 Web of Science 数据库中，截至 2013 年共检索出涉及“农田中氮肥施用”的 SCI 论文 7 460 篇，包括 Article 论文 6 882 篇，Review 论文 196 篇，其中关于施氮对作物产量影响的文献 2 773 篇，关于施氮对环境影响的文献 1 609 篇，关于施氮对水体水质影响的文献 526 篇。全球关于农业氮肥施用研究的第一篇 SCI 论文发表于 1957 年，此后的 30 多年间该领域的研究发展较为缓慢，年均发文量不超过 6 篇；进入 20 世纪 90 年代以后，农田氮肥施用问题逐渐受到关注，该领域的 SCI 论文年发文量从 1991 年的 207 篇增长到 2013 年的 517 篇，发文量增加了 13%。尤其近 5 年来，国内外关于氮肥施用效应的研究发展迅速，年均 SCI 论文发表量均达到 400 篇以上（图 3-1）。

3.1.2 国家分布

全球共有超过 120 个国家或地区开展了关于农田氮肥施用的研究，其中美国在该研究领域优势明显，发文总量达到 1 893 篇，第二梯队的中国、加拿大和德国在该领域的发文总量在 500 篇以上（图 3-2），其他国家的发文总量均在 400 篇以下。该领域发文量排名前十的国家，SCI 论文发表量占了全球总发文量的 65%，其中美国发文量占 25%，中国发文量占 11%。从研究区域上看，全球关于

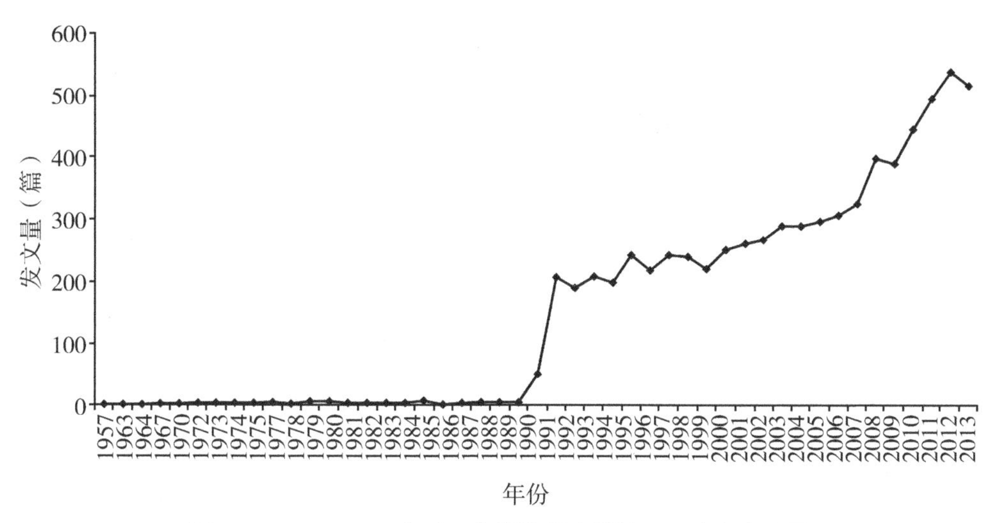

图 3-1 1957—2013 年农田氮肥施用主题的 SCI 论文发文量

农田氮肥施用的研究主要集中在农业较发达的国家，北美地区在农田氮肥施用研究领域处于领先地位，美国和加拿大的发文量之和占到全球总发文量的 33%；欧洲也是进行该领域研究的主要地区，全球发文量排名在前 20 位的国家中有 9 个欧洲国家，分别是德国、英国、法国、荷兰、西班牙、意大利、瑞典、丹麦和波兰，这 9 个国家发文量之和占到总发文量的 23.9%，这些国家也都是全球公认的农业发达国家；全球发文量排名在前 20 位的亚洲国家有 6 个：中国、印度、日本、伊朗、菲律宾和巴基斯坦，这些国家均具有人口多、相对耕地面积少的特点，由于其对粮食产量的迫切需求农田施氮研究备受重视，发文量之和占到总发文量的 21.5%。其他地区，虽然种植业并不是其主要产业，但基于资源利用和环境保护的目的，也同样重视农田氮肥施用效应，如大洋洲的澳大利亚、新西兰，南美洲的巴西等均开展了这一领域的相关研究。

美国在农田氮肥施用研究领域的发文量一直处于领先地位，并且优势明显，英国和德国也是较早开展农田氮肥研究的国家，并且在近 30 年内发文量保持了较稳定的水平，加拿大和中国在这方面的研究均晚于其他国家，但中国在该研究领域的发文量增长迅速，尤其是在 2012 年的发文量超过美国，排在了全球第一位，但在 2013 年又被美国反超，从近年来的整体状况来看，中国已快速发展成为在该研究领域内发文量排名第二的国家（图 3-3）。

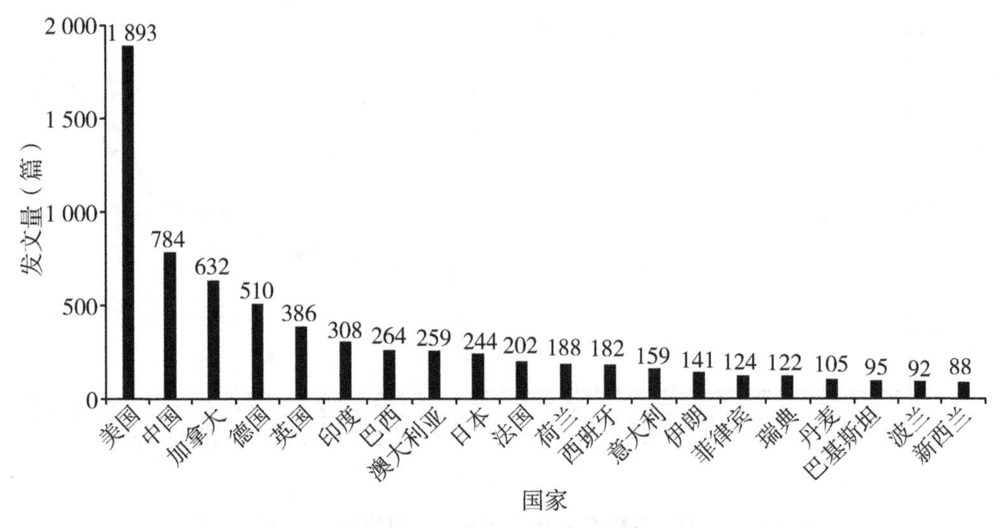

图 3-2　农田氮肥施用主题的 SCI 论文发文量国家分布（前 20 位）

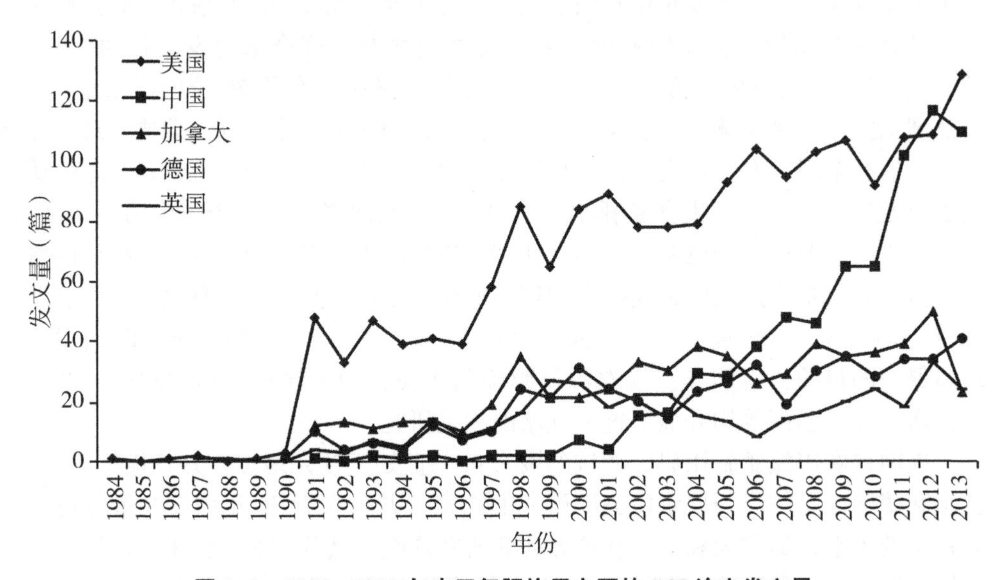

图 3-3　1957—2013 年农田氮肥施用主题的 SCI 论文发文量

3.2　主要发文机构

发文量排名前 25 位的研究机构中，来自美国的有 10 家，加拿大有 5 家，中国有4家，法国、印度、澳大利亚、瑞典、德国和荷兰等国家各有1家（表3-1）。美国农业部是该领域SCI论文发表数量最多的机构，其次是加拿大农业及农业食品部，然后是中国科学院和中国农业大学，法国农业科学研究院发文量排名第五；其中，排名前三位的研究机构SCI论文总发文量均在300篇以上，分别有407篇、320篇和310篇。除美国和加拿大外，中国的研究机构在农田氮肥施用研究领域实力也相对较为突出，中国科学院和中国农业大学的SCI论文发表数量均排在了全球前5位，南京农业大学、中国农业科学院分别排在全球第16位和第21位。

表3-1　农田氮肥施用主题的SCI论文发文机构（前25位）

排序	第一作者机构	发文量（篇）	国家
1	美国农业部	407	美国
2	加拿大农业及农业食品部	320	加拿大
3	中国科学院	310	中国
4	中国农业大学	158	中国
5	法国农业科学研究院	122	法国
6	加州大学戴维斯分校	101	美国
7	国际水稻研究所	99	菲律宾
8	佛罗里达大学	98	美国
9	内布拉斯加大学	97	美国
10	联邦科学与工业研究组织	96	澳大利亚
11	明尼苏达大学	90	美国
12	瑞典农业科技大学	83	瑞典
13	爱荷华州立大学	79	美国
14	密歇根州立大学	78	美国
15	霍恩海姆大学	73	德国
16	南京农业大学	72	中国
17	瓦赫宁根大学	71	荷兰
18	伊利诺伊大学	64	美国
19	麦吉尔大学	63	加拿大
19	圭尔夫大学	63	加拿大
21	中国农业科学院	61	中国
22	阿尔伯塔大学	60	加拿大
22	阿肯色大学	60	美国
24	北卡罗来纳州立大学	59	美国
25	萨斯喀彻温大学	57	加拿大

近20年来，美国农业部和加拿大农业及农业食品部是开展农田氮肥施用研究最多的机构，一直处于国际领先地位（图3-4）。其他国外机构如法国农业科学研究院、加州大学戴维斯分校以及国际水稻研究所等机构，也是较早大量开展此类研究的机构。中国的研究机构在该领域起步较晚，此类研究前期投入较少，但发展较为迅速，近十年来研究投入不断加大，SCI论文发表数量快速增长，特别是中国科学院近五年的发文量达182篇，超过了美国农业部和加拿大农业及农业食品部，成为该研究领域的领军机构之一。

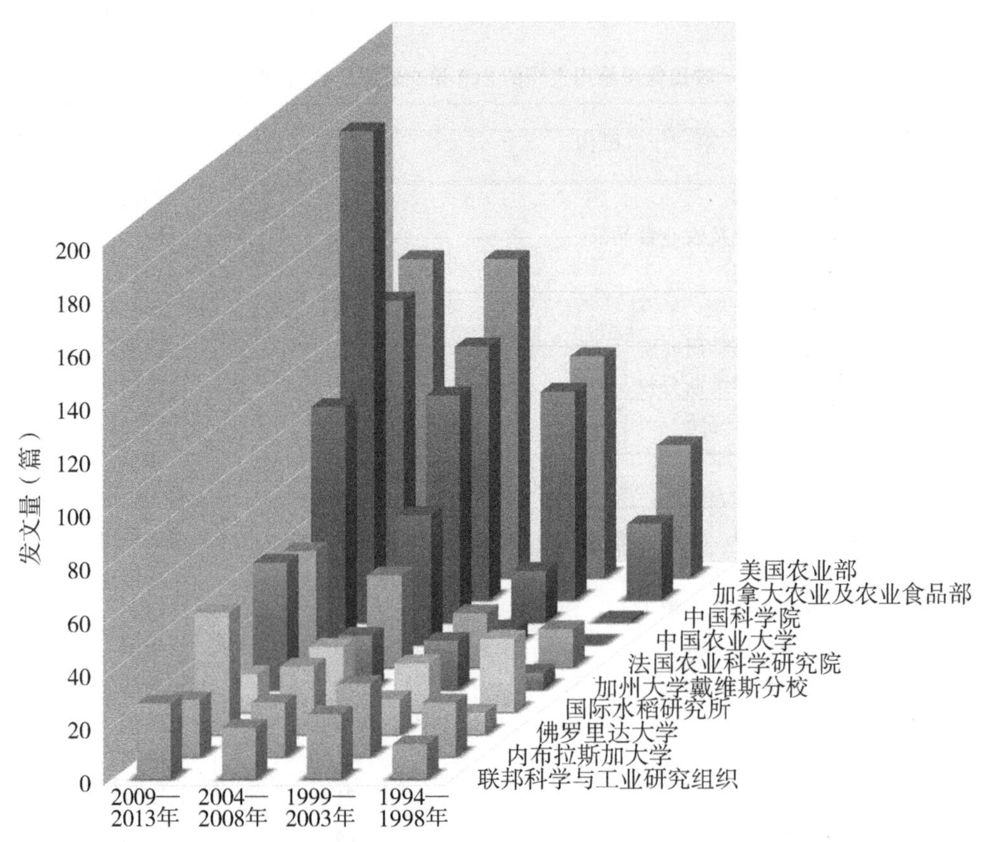

图3-4　发文量前10位研究机构近20年间论文分布

中国科学院发文量达到310篇，占我国总发文量的40%，除此之外，其他研究机构的发文量也在不断提升，中国农业大学发文158篇，排在第二位，南京农业大学、中国农业科学院和浙江大学分列第三位至第五位，发文量分别有72篇、61篇和44篇（表3-2）。

表 3-2 中国研究机构 SCI 论文发文量

排序	第一作者机构	发文量（篇）
1	中国科学院	310
2	中国农业大学	158
3	南京农业大学	72
4	中国农业科学院	61
5	浙江大学	44
6	华中农业大学	37
7	山东农业大学	22
8	扬州大学	21
9	兰州大学	19
10	西北农林科技大学	17

3.3 本领域主要期刊和高被引论文

世界范围内，刊发关于农田氮肥施用研究 SCI 文章的期刊有 670 多个，发文量最多的期刊主要集中在美国和荷兰，美国的 Agronomy Journal 发文量最多（447 篇），其次是荷兰的 Plant and Soil（267 篇）、Field Crops Research（253 篇）和 Nutrient Cycling in Agroecosystems（230 篇），发文量超过 200 篇的期刊还有美国的 Communications in Soil Science and Plant Analysis（218 篇）和 Soil Science Society of America Journal（203 篇），其他期刊发文量均在 200 篇以下（表 3-2）。

表 3-3 农田氮肥施用研究领域发文期刊（前 10 位）

排序	期刊名称	发文量（篇）	2013 年影响因子	国家
1	Agronomy Journal	447	1. 542	美国
2	Plant and Soil	267	3. 235	荷兰
3	Field Crops Research	253	2. 608	荷兰
4	Nutrient Cycling in Agroecosystems	230	1. 733	荷兰
5	Communications in Soil Science and Plant Analysis	218	0. 423	美国
6	Soil Science Society of America Journal	203	2. 000	美国

（续表）

排序	期刊名称	发文量（篇）	2013年影响因子	国家
7	Agriculture Ecosystems & Environment	167	3.203	荷兰
8	Journal of Plant Nutrition	154	0.536	美国
9	Journal of Environmental Quality	149	2.345	美国
10	Soil Biology & Biochemistry	135	4.410	英国

农田氮肥施用研究中高被引论文也主要出自欧美国家（表3-4），被引率最高的前20篇文章中，美国有8篇，荷兰有3篇，德国和中国各有2篇，瑞典、英国、法国、菲律宾和加拿大各有1篇。在论文的引用频次上，被引次数最高的是德国霍恩海姆大学的Kuzyakov于2000年在Soil Biology & Biochemistry上发表Review of mechanisms and quantification of priming effects，文中讨论了农田土壤中C、N循环机制及影响因素，该论文发表后被引用了611次。中国学者在该领域发表的SCI论文中，被引次数最多的是中国农业大学的巨晓棠教授在2009发表于Proceedings of the National Academy of Sciences of The United States of America的Reducing Environmental Risk by Improving N Management in Intensive Chinese Agricultural Systems，被引用了275次，其次是中国科学院生态环境研究中心的贺纪正研究员发表于Environmental Microbiology的论文Quantitative analyses of the abundance and composition of ammonia-oxidizing bacteria and ammonia-oxidizing archaea of a Chinese upland red soil under long-term fertilization practices，被引用了270次。

表3-4　农田氮肥施用主题的SCI热点论文（前20位）

排名	第一作者	来源	被引频次	国家
1	KUZYAKOV Y	Soil Biology & Biochemistry, 2000, 32: 1 485-1 498.	611	德国
2	MOSIER A	Nature, 1991, 350 (6316): 330-332.	585	美国
3	WRAGE N	Soil Biology & Biochemistry, 2001, 33: 1 723-1 732.	488	荷兰
4	BOUWMAN A F	Global Biogeochemical Cycles, 1997, 11 (4): 561-587.	397	荷兰
5	RAUN W R	Agronomy Journal, 1999, 91 (3): 357-363.	396	美国

（续表）

排名	第一作者	来源	被引频次	国家
6	YIENGER J J	Journal of Geophysical Research-Atmospheres, 1995, 100（D6）: 11 447-11 464.	378	美国
7	BOUWMAN A F	Nutrient Cycling in Agroecosystems, 1996, 46（1）: 53-70.	364	荷兰
8	CRUTZEN P J	Atmospheric Chemistry and Physics, 2008, 8（2）: 389-395.	338	德国
9	PAUSTIAN K	Soil Science Society of America Journal, 1992, 56（2）: 476-488.	304	瑞典
10	VICKERY J A	Journal of Applied Ecology, 2001, 38（3）: 647-664.	300	英国
11	TILMAN D	Proceedings of the National Academy of Sciences of the United States of America, 1999, 96（11）: 5 995-6 000.	279	美国
12	JU X T	Proceedings of the National Academy of Sciences of the United States of America, 2009, 106（9）: 3 041-3 046.	275	中国
13	PEOPLES M B	Plant and Soil, 1995, 174: 3-28.	272	菲律宾
14	HE J	Environmental Microbiology, 2007, 9（9）: 2 364-2 374.	270	中国
15	DUMAS Y	Journal of the Science of Food and Agriculture, 2003, 83（5）: 369-382.	262	法国
16	TRESEDER K K	New Phytologist, 2004, 164（2）: 347-355.	251	美国
17	KNORR M	Ecology, 2005, 86（12）: 3 252-3 257.	244	美国
18	STURZ A V	Critical Reviews in Plant Sciences, 2000, 19（1）: 1-30.	238	加拿大
19	WILHELM W W	Agronomy Journal, 2004, 96（1）: 1-17.	236	美国
20	WEDIN D	Ecological Monographs, 1993, 63（2）: 199-229.	236	美国

3.4 主要研究热点

将 7 460 篇文章的关键词进行筛选、聚类后，进行相关性分析，总结农田氮肥施用主题相关关系。结果表明，目前关于农田氮肥施用效应的研究主要集中在氮肥施用量对作物产量的影响、氮肥施用对大气的影响以及氮肥施用对水体的影响三方面。

施用氮肥可以明显提高作物产量，为保障粮食安全做出了重要贡献，但并不是施用越多的氮肥，产量越高，还要考虑作物氮素吸收能力和氮肥利用效率，更要考虑施氮后的作物品质。该领域，产量（Yield）与氮肥利用率（N use efficiency）、吸氮量（N uptake）、叶绿素（Chlorophyll）以及蛋白质（Protein）等关键词关系密切，同时，吸氮量（N uptake）和叶绿素（Chlorophyll）分别与土壤氮（Soil N）和光合作用（Photosynthesis）存在关联关系。

氮肥施用对大气的影响是一个复杂的过程，一方面，氮肥施用后部分氮素以氨的形式挥发进入大气，部分氮素发生反硝化反应，被还原为亚硝酸盐、一氧化氮、一氧化二氮和氮气等一系列氮氧化物进入大气，进入大气后导致气候变暖、臭氧层破坏以及形成酸雨等；另一方面，大气中的氮氧化物随干湿沉降返回陆地生态系统，也增加了农田土壤氮素，提高了土壤肥力。该研究中，氮肥（Nitrogen fertilization）施用后产生的氮氧化物（Nitrous oxide）与甲烷（Methane）、硝化（Nitrification）、反硝化（Denitrification）、排放因子（Emission factor）之间的关系密切，这些关键词又与温室气体（Greenhouse gas）、全球气候变化（Global climate change）存在紧密联系。

农田施氮与地表水和地下水中氮含量的增加密切相关，农田氮素流失是水体富营养化的重要原因，长期过量施用氮肥也是造成地下水硝酸盐污染的主要因素之一，该研究中，地下水（Groundwater）、硝酸盐（Nitrate）、浸出（Leaching）和模型（Modeling）4个关键词关系密切。此外，氮（Nitrogen）、磷（Phosphorus）、施肥（Fertilization）、有机肥（Manure）之间的关系，轮作（Crop rotation）、耕作（Tillage）、氮肥（Nitrogen fertilization）之间的交互效应，长期施肥（Long-term fertilization）对土壤有机质（Soil organic matter）的影响等方面也均是比较集中的研究重点。

3.5 讨论

3.5.1 计量分析

文献资料是科学家科研智慧的结晶，记录着科研工作者进行科学研究的过程，是学科发展动态最有力的见证，对后人开展科学研究、开拓新的研究方向具有非常重要的指导和借鉴意义。全球研究机构众多，学科方向较广，涉及范围较大，并且科学研究时刻进行，每时每刻都有新的成果发表，这些新内容也不断补充进文献数据库，因此，为保证数据库的稳定性，针对特定研究领域的文献计量分析只能划定一个时间范围，分析该时间范围内的文献信息（Huang et al., 2012），虽然这一方法并不能覆盖截至目前的所有文章，但仍可以客观公正的反映这一研究领域的发展态势。

自合成氨工艺发明以来，尤其是氮肥生产工业化的发展，氮肥逐渐应用于农田粮食生产，1957 年开始出现了关于氮肥施用效应的研究性文章，但当时的氮肥生产量和施用量均较低，无论其农学效应还是环境效应均未显现出来，也未引起人们的普遍关注。近 30 年来，农田施氮量不断增加，增产效果相当明显，同时农田施氮造成的环境问题也日益突出，尤其是农田氨、氧化亚氮、甲烷等温室气体的排放相当严重，各国也开始重视氮肥施用效应，该领域 SCI 文章发表数量从 1991 年的 207 篇增长到 2013 年的 517 篇，这些研究成果主要出自农业发达的欧美国家如美国、加拿大、德国、英国、澳大利亚、日本、法国、荷兰、意大利等，或者农业种植面积大的国家如中国、印度等，尤其是中国近几年在该领域的发文量增长迅速，排在了全球第二位，仅次于美国。这主要是由于当前中国政府对农业科研的投入很大，各研究单位也出台了奖励政策鼓励科研工作者发表 SCI 论文；同时近年来中国的科研工作者在国家相关基金、行业专项的支持下，积极开展国际合作，国际通用的研究方法及先进的研究技术被引入中国，相应的 SCI 科研论文产出量大幅度增加，论文水平也不断提高，并得到国际主流期刊的认可。

虽然中国在该研究领域的发文数量增长迅速，但文献质量还不高，相关研究成果被引频次较低，缺乏引领学科发展的突出成果，同时缺少被国际科研工作者认可的主流期刊，究其原因主要在于：①中国机构进行氮肥效应研究，模仿多、创新少，原创性成果更少。②追求论文发表数量，不重视数据积累，急于求成，导致论文水平不高。③急功近利，针对某一研究不能长期坚持，延续性差，导致结果可靠性较低。④为追求国际化、与世界接轨，刻意引用国外文献，故意避开国内同行研究成果。⑤中国缺少优秀的国际期刊，而国外期刊编辑对中国现状了解不够，往往容易导致拒稿。⑥虽然国际交流增多有助于国内科研工作者英文水平的提高，但具体到文章的撰写仍然会存在一些语言障碍。此外，中国在该领域的优秀研究团队较少，发文量最多的研究机构也都是中国农业大学、南京农业大学等国家 985 重点高校或者中国科学院、中国农业科学院等国家级科研院所，政府支持力度大、资金充足、人才集中，而面对中国农田面积大、气候地形复杂的现状，这些重点院校项目多、任务重，很难开展全面而又有创新性的研究，同时其他研究单位因缺乏财力、人力支持，研究工作无法长期运行，缺少成为优秀研究团队的基础。要改变当前中国目前面临的现状，最主要的是加大资金支持力度，建立公正的竞争机制和合理的评价机制，提升科研创新能力，改善学风浮躁和急功近利的状况。

3.5.2 研究热点与方向

文献计量分析结果显示，目前关于农田氮肥施用效应的研究主要集中在氮肥施用量对作物产量、大气以及水体的影响三方面。农田施肥的增产效应毋庸置疑，英国洛桑长期定位试验站研究表明，小麦施肥后产量增加了2~3倍（Rasmussen et al.，1998）。增加肥料投入，尤其是氮肥投入，可以显著促进作物生长，同时还能提高光、热以及水分的利用效率，这一系列效果又都进一步促进了作物产量的提高（Spiertz，2010）。高产作物系统往往伴随着大量的氮素施用，但这些氮素并不能全部被作物吸收，盈余的氮素不但造成土壤氮素累积（Hong et al.，2007），其向环境的迁移也导致土壤质量退化（Yuan et al.，2014）和环境恶化（Adviento－Borbe et al.，2013），直至危害人体健康（Vitousek et al.，2009）。

随着研究的深入，关于农田氮肥施用的研究从农学效应扩展到环境效应，尤其是农田氮肥的普及，使得人们在关注氮肥产量效应的同时，逐渐开始重视氮肥施用对大气和水体环境的影响。农田作物种植的主要目的就是获得产量，满足人类粮食需求，而面对全球资源短缺的现状，作物产量和氮肥利用率成为当前氮肥农学效应研究中最受关注的问题（Salo，1999）。外源氮素投入可以改变与产量形成相关的因素如土壤氮含量、叶绿素含量、光合效率等，从而进一步影响作物生长、氮素吸收和蛋白质形成等过程。一定范围内，施氮量的影响往往是正面的、积极的，并且由于氮素的高效利用，没有多余的氮素损失（Abbasi et al.，2012），然而施氮量超出一定范围，氮素显现出毒害作用，作物生长受到抑制，产量和氮素利用率不能进一步提高，甚至有所降低。陆地生态系统是大气温室气体包括二氧化碳、甲烷、氧化亚氮等的重要排放源，而农田是陆地生态系统的主要部分，也是最大的温室气体排放源（Cai，2012），这主要是源于农田氮肥的大量施用（Cai，2012），并且农田温室气体的排放量随施氮量的增加显著增长（Migliorati et al.，2014）。此外，有降水事件发生时，农田土壤中的氮素被溶解并随水流迁移，从而发生以径流或淋溶为主的氮素流失，这也是当前造成农业面源污染（Strock et al.，2005）、水体水质恶化（Sogbedji et al.，2000）重要原因。

由于世界人口的不断增长，未来全球粮食需求量仍然很大，为保障粮食产量，农田氮肥施用必不可少，随之而来的环境风险也仍然存在，因此，平衡农田氮素施用的增产作用与环境风险的重点在于确定农田适宜施氮量。氮循环是生态系统中主要的循环过程之一，无论是产量的形成、土壤的固持、含氮化合物的排放还是氮素的流失等都发生在氮循环过程的某一环节上，所以在确定农田适宜施氮量时，应当重视氮素进入农田后在整个生态系统中的循环过程（Fowler et al., 2013），而不是仅仅局限于某一方面的效应。面对全球气候变化的大趋势，未来的研究更要因地制宜，综合考虑影响氮素效应的各种因素，探索作物高产基础上环境友好的氮肥管理施用策略，既满足人口日益增长对粮食的需求，又不造成显著的环境风险。

3.6 结论

基于 Web of Science 数据库，利用文献计量学的方法，可以很好地分析农田氮肥施用研究的发展态势，了解重点研究机构、主要发文期刊和高被引论文，掌握该领域的主要研究热点，预测未来发展趋势。欧美发达国家研究基础较好，较早的关注了氮肥施用效应，影响力大的期刊与高被引论文也主要出自欧美发达国家；中国在该研究领域的起步较晚，但发展迅速，近几年发文量已经排在了全球第二位，其中中国科学院、中国农业大学、南京农业大学和中国农业科学院的发文量都排在了世界前列。然而，中国仍缺少有影响力的国际主流期刊，被国际认可的研究成果也较少，因此应加快培养一批有影响力的主流国际期刊，促进高水平研究成果的产出。国际氮肥施用研究的热点主要集中在氮肥施用量对作物产量、大气环境以及水体环境三方面，而且仍将是未来研究的主要方向，此外，以后的研究还应重视农田氮素在整个农田生态系统中的循环，并以此为基础，探索确定作物高产基础上环境友好的农田适宜施氮量。

4 田块尺度基于不同指标的合理施氮量确定方法对比

——以华北平原多点位小麦—玉米轮作为例

氮（N）是地球生命体最重要的必需元素，氮肥的施用为满足全球70亿人口的粮食需求做出了突出贡献（Erisman et al.，2008）。发达国家的氮肥增产贡献率为40%（Malhi et al.，2001），而发展中国家的氮肥增产贡献率在55%以上（Li et al.，2009c）。然而，作物产量不能随着氮肥施用量的增加而无限增加，但过量的氮肥施用会导致土壤和环境退化（Schroder et al.，2011；Ma et al.，2012）。超过一定施氮量（最佳施氮量），作物产量的增加微乎其微，几乎可以忽略不计，甚至开始下降（Cerrato et al.，1990a；Long et al.，1951；Beaty et al.，1963；Use，1961）。氮利用效率（NUE）的变化趋势与作物产量相同，这也进一步说明氮肥过量施用并不能再获得最高的产量。同时，过量施用氮肥会导致氨挥发、氧化亚氮排放、地表氮径流和硝酸盐淋溶等一系列环境问题（Xia et al.，2016；Zhou et al.，2016；Dai et al.，2016）。因此，确定最佳管理措施包括合理施氮量对于确保粮食安全和环境安全至关重要（Huang et al.，2011）。

目前，确定合理施氮量的方法很多（Xia et al.，2012；Wang et al.，2014a；Wang et al.，2012），根据不同的指标如产量、NUE、吸氮量、经济效益或环境效应等，可以确定不同的最佳施氮量。为了满足作物生长发育过程中的氮素需求，可以利用叶绿素仪监测作物长势（Calvo et al.，2015）或根据土壤无机氮含量进行氮素实时监测调控（Cui et al.，2008b）。为了获得最高产量或经济效益，可以通过建立施氮量—产量或经济响应曲线确定最佳施氮量（Xia et al.，2012；Cui et al.，2013a）。由于实时实地监测所有环境指标的难度相当大，因此可利用相关的生物地球化学模型如DNDC（DeNitrification-DeComposition）和DSSAT（Decision Support System for Agrotechnology Transfer）等来评估不同施氮量的环境效应，从而得到一个较好的可推荐的施氮量（Song et al.，2009；Min et al.，2011）。根据施肥手册也可以推荐合理的氮肥施用量，例如“明尼苏达州氮肥管理计划（Minnesota Nitrogen Fertilizer Management Plan）”、欧盟的“硝酸盐法令

（Nitrate Directive）”等，硝酸盐法令规定每年畜禽粪便氮的最大施用量不得高于 170 kg/hm^2（Nevens et al.，2005；Schroder et al.，2008）。最近，随着信息技术的发展，施肥决策支持系统如“营养专家（Nutrient Expert）”和“精准农业（Precision Agriculture）”逐渐应用于最佳施氮量的推荐（Xu et al.，2014；Thorp et al.，2007）。

华北平原（NCP）是中国主要的粮食产区之一，在确保我国粮食安全方面发挥着重要作用（Wang et al.，2014b）。小麦玉米轮作是该地区的主要种植模式（Duan et al.，2014），根据2016年的统计年鉴，该区小麦和玉米产量分别占全国的45%和32%。为了获得较高产量以满足人们粮食需求，小麦和玉米季的播种量、灌溉量、农用化学品投入量均很大，过去十几年内，该轮作模式下的氮肥用量急剧增加，但氮肥利用率却很低（Cui et al.，2008b），这就导致了地下水硝酸盐污染和土壤酸化等一系列环境问题（Ju et al.，2006；Zhang et al.，2012a；Huang et al.，2017）。而确定小麦和玉米的最佳施氮量，不仅可以保证粮食生产，还能保护农业生态环境，因此，本研究将华北平原作为研究对象，在4个省份设置了6个监测点位，通过施氮量与产量、吸氮量、经济效益、环境治理成本、NUE和表观平衡之间的关系曲线来确定基于不同指标的合理施氮量。本研究旨在确定施氮量与不同指标的关系曲线，通过关系曲线确定合理施氮量，分析基于不同指标的合理施氮量之间的差异，最终得出玉米和小麦的最佳施氮量。

4.1 结果分析

4.1.1 施氮量与产量之间的关系曲线

华北平原各监测点的土地基础生产能力有所差异，玉米和小麦产量也呈现出明显的时空变化（图4-1），即同一施氮量下，不同点位不同年份间的产量均存在显著差异（$P<0.01$）。不施氮条件下，所有点位的平均玉米产量为（5 924±1 592）kg/hm^2（视为基础产量），其中，BJN1点位的产量最低，平均仅为3 693 kg/hm^2（3 171~5 052 kg/hm^2），而HAN1的产量则高达8 455 kg/hm^2（8 229~9 359 kg/hm^2）。不施氮条件下所有点位的小麦平均产量为（4 339±2 003）kg/hm^2，BJN1点位的产量最低为1 909 kg/hm^2（1 812~2 006 kg/hm^2），而HAN1的产量则高达6 917 kg/hm^2（6 414~7 420 kg/hm^2）。

对玉米来说，随着氮肥用量的增加，产量先增加而后逐渐下降，在其关系曲线上有一个拐点，即最佳施氮量。施氮量与产量之间的关系可用方程 $y=-0.048\ 2x^2+20.057x+5\ 868.6$（$R^2=0.200\ 9$，$P<0.01$）来表示，因此当施氮量

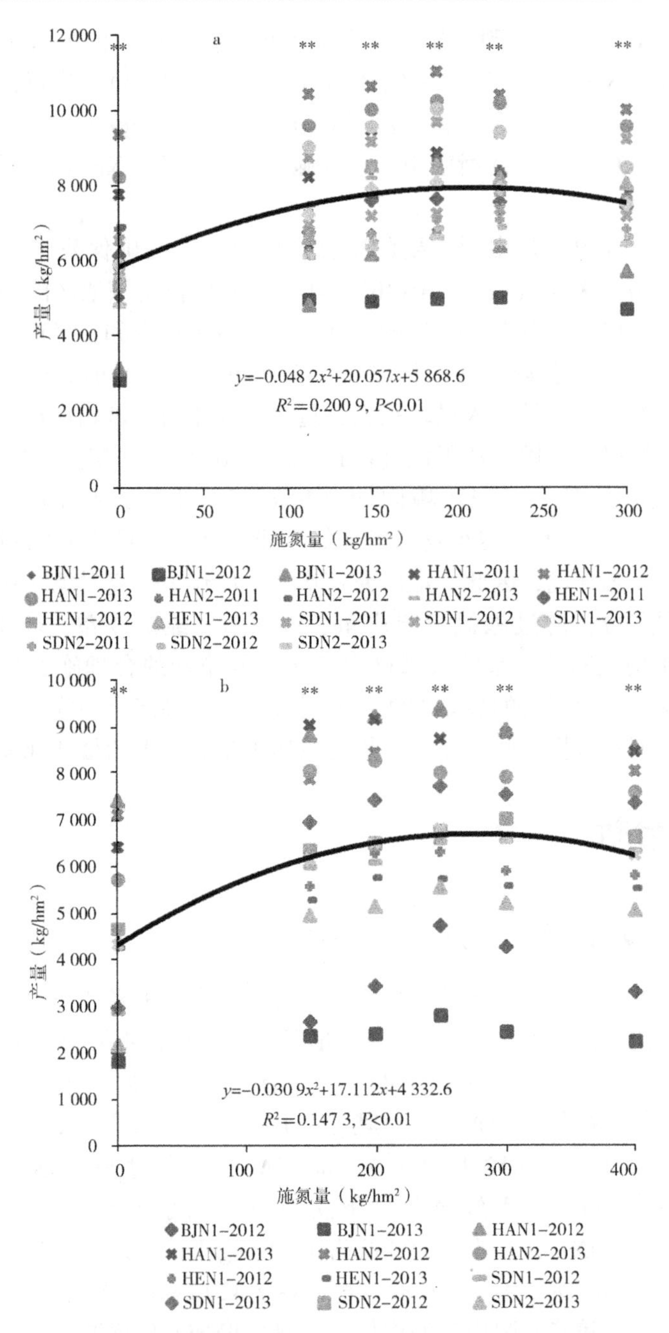

图 4-1 施氮量与产量关系曲线（a：玉米；b：小麦）

（** 表示相同施氮量下不同点位之间的显著性差异）

为 208 kg/hm^2 时，玉米产量达到最高点（7 955 kg/hm^2）。

就小麦而言，随施氮量的增加，其产量同样先增加而后下降，从而产量一个产量拐点。通过施氮量与小麦产量的关系曲线（$y = -0.030\ 9x^2 + 17.112\ x + 4\ 332.6$，$R^2 = 0.147\ 3$，$P<0.01$），当施氮量为 277 kg/hm^2 时，小麦产量达到最高 6 702 kg/hm^2。此外，每个监测点的施氮量与产量均呈现极相关关系（表 4-1）。

表 4-1　各点位施氮量与玉米、小麦产量之间的关系

作物	点位	产量响应	最高产量施氮量（kg/hm^2）	R^2
玉米	BJN1	$y=-0.055\ 6x^2+23.610x+3\ 641.8$	212	0.519 0
	HAN1	$y=-0.049\ 5x^2+17.007x+8\ 411.0$	172	0.271 7
	HAN2	$y=-0.043\ 8x^2+18.083x+6\ 275.1$	206	0.710 9
	HEN1	$y=-0.043\ 9x^2+19.870x+5\ 748.0$	226	0.721 4
	SDN1	$y=-0.069\ 2x^2+28.540x+5\ 939.7$	206	0.540 6
	SDN2	$y=-0.027\ 3x^2+13.231x+5\ 196.3$	242	0.869 9
小麦	BJN1	$y=-0.019\ 2x^2+10.603x+1\ 777.7$	276	0.343 8
	HAN1	$y=-0.034\ 7x^2+17.472x+6\ 968.6$	252	0.883 5
	HAN2	$y=-0.031\ 5x^2+16.269x+6\ 382.8$	258	0.721 6
	HEN1	$y=-0.019\ 5x^2+10.784x+4\ 439.4$	277	0.810 6
	SDN1	$y=-0.048\ 6x^2+28.862x+2\ 979.5$	297	0.886 8
	SDN2	$y=-0.031\ 9x^2+18.682x+3\ 447.9$	293	0.551 6

4.1.2　施氮量与经济指标之间的关系曲线

4.1.2.1　传统经济效益

对于特定施氮量，6 个监测点位的玉米和小麦传统经济效益各不相同，并且在不同年份之间也显示出较大时空变化（$P<0.01$）（图 4-2）。不施用氮肥的条件下，所有地点的玉米和小麦平均经济效益分别为（10 051±3 502）元/hm^2 和（7 883±5 010）元/hm^2。

低于特定氮肥施用量（最佳施氮量），玉米和小麦的传统经济效益随着氮肥用量的增加而增加，但高于该施氮量，其经济效益均逐渐降低。玉米传统经济效

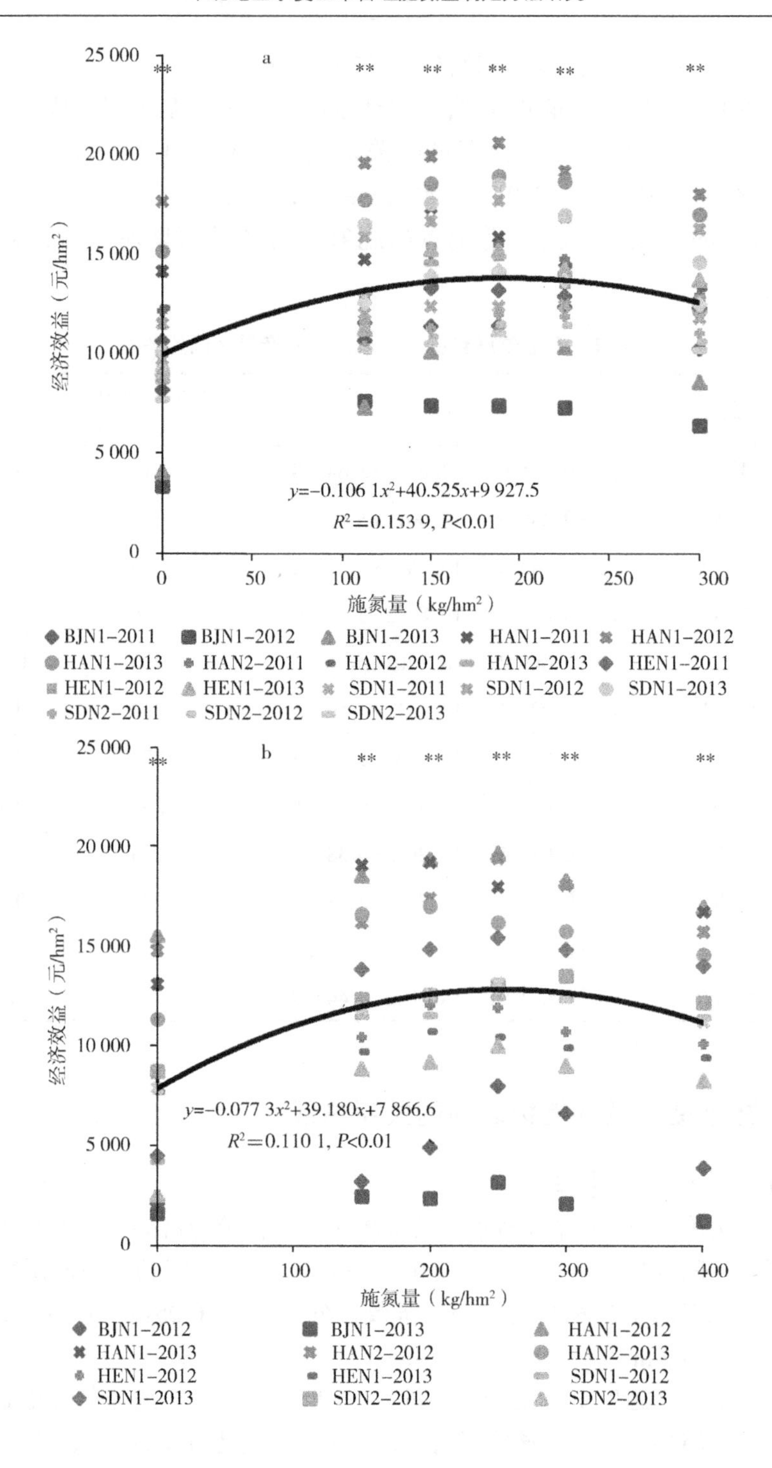
a
25 000
20 000
15 000
10 000
5 000
0
经济效益（元/hm²）
** ** ** ** ** **
y=-0.106 1x²+40.525x+9 927.5
R²=0.153 9, P<0.01
0 50 100 150 200 250 300
施氮量（kg/hm²）
BJN1-2011 BJN1-2012 BJN1-2013 HAN1-2011 HAN1-2012
HAN1-2013 HAN2-2011 HAN2-2012 HAN2-2013 HEN1-2011
HEN1-2012 HEN1-2013 SDN1-2011 SDN1-2012 SDN1-2013
SDN2-2011 SDN2-2012 SDN2-2013
b
25 000
20 000
15 000
10 000
5 000
0
经济效益（元/hm²）
** ** ** ** ** **
y=-0.077 3x²+39.180x+7 866.6
R²=0.110 1, P<0.01
0 100 200 300 400
施氮量（kg/hm²）
BJN1-2012 BJN1-2013 HAN1-2012
HAN1-2013 HAN2-2012 HAN2-2013
HEN1-2012 HEN1-2013 SDN1-2012
SDN1-2013 SDN2-2012 SDN2-2013

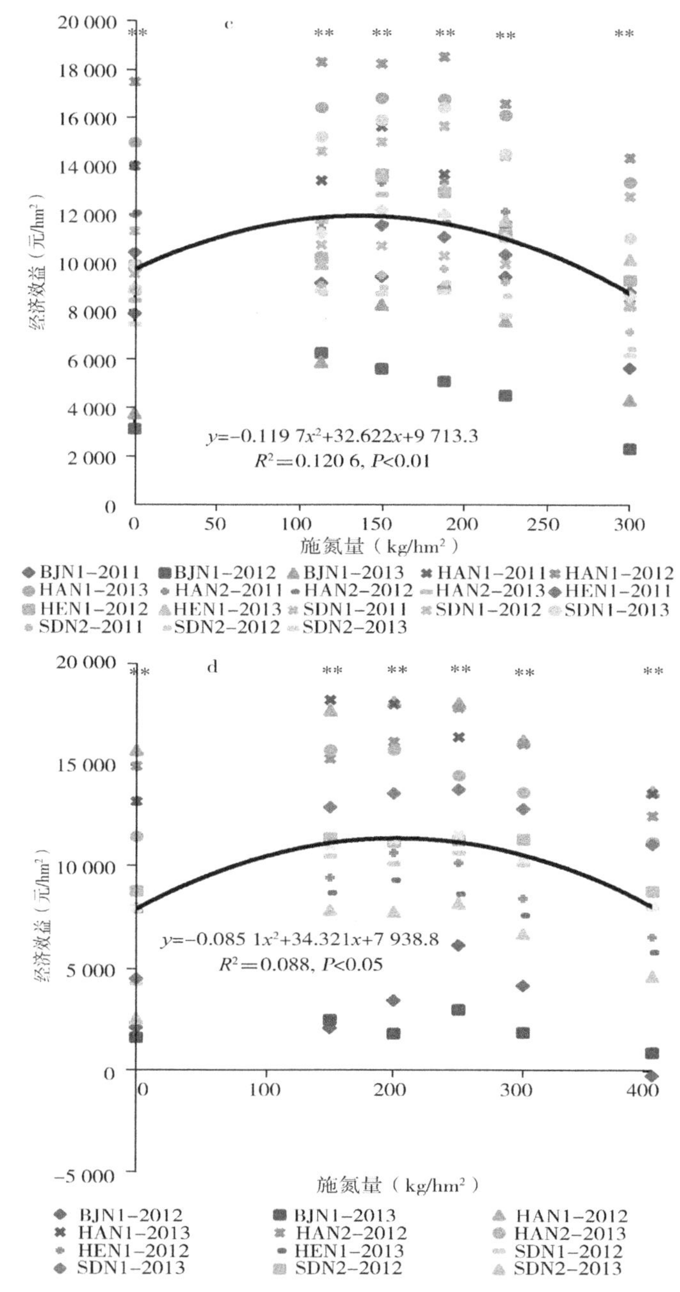

图 4-2 施氮量与传统经济效益的关系曲线

（a、b 分别是玉米、小麦传统经济效益，c、d 分别是考虑环境治理成本的玉米、小麦经济效益，** 表示相同施氮量下不同点位之间的显著性差异 $P<0.01$）

益与施氮量的关系可用方程式 $y=-0.1061x^2+40.525x+9927.5$（$R^2=0.1539$，$P<0.01$）来表示，当施氮量为 191 kg/hm^2 时，玉米传统经济效益达到最高点（13 797元/hm^2）。小麦传统经济效益与施氮量的关系可用方程式 $y=-0.0773x^2+39.18x+7866.6$（$R^2=0.1101$，$P<0.01$）来表达，当施氮量为 253 kg/hm^2 时，小麦经济效益达到最高点（12 831 元/hm^2）。此外，各监测点位的传统经济效益与施氮量具有极好的相关性（表 4-2）。

表 4-2 各点位施氮量与玉米、小麦传统经济效益之间的关系

作物	点位	传统经济效益响应	最高效益施氮量（kg/hm^2）	R^2
玉米	BJN1	$y=-0.1223x^2+48.341x+5028.5$	198	0.449 1
	HAN1	$y=-0.1088x^2+33.815x+15521.0$	155	0.238 7
	HAN2	$y=-0.0964x^2+36.184x+10822.0$	188	0.632 9
	HEN1	$y=-0.0966x^2+40.113x+9662.2$	208	0.647 7
	SDN1	$y=-0.1522x^2+59.188x+10084.0$	194	0.484 2
	SDN2	$y=-0.0601x^2+25.509x+8448.3$	212	0.798 2
小麦	BJN1	$y=-0.0469x^2+22.423x+1488.9$	239	0.237 0
	HAN1	$y=-0.0866x^2+40.081x+14456.0$	231	0.852 7
	HAN2	$y=-0.0787x^2+37.072x+12992.0$	236	0.655 4
	HEN1	$y=-0.0488x^2+23.359x+8133.4$	239	0.718 3
	SDN1	$y=-0.1216x^2+68.556x+4483.9$	282	0.864 6
	SDN2	$y=-0.0798x^2+43.106x+5654.8$	270	0.472 4

4.1.2.2 考虑环境成本的经济效益

考虑环境成本的经济效益与施氮量之间的关系如图 4-2 所示，与传统经济效益相同，某一点位特定年份下，考虑环境成本的经济效益与施氮量均可用一元二次方程来描述（表 4-3），但不同点位、不同年份间均存在显著的时空差异。不施氮条件下，玉米季和小麦季考虑环境成本的平均经济效益分别为（9 856±3 525）元/hm^2 和（7 975±5 038）元/hm^2。

玉米季，考虑环境成本的经济效益与施氮量之间的关系可用方程 $y=-0.1197x^2+32.622x+9713.3$（$R^2=0.1206$，$P<0.01$）来表示，因此，当施氮量为 136 kg/hm^2 时，其效益达到最高点（11 936元/hm^2）。同样地，小麦季，考

虑环境成本的经济效益与施氮量之间的关系可以用下式来表达：$y=-0.0851x^2+34.321x+7938.8$（$R^2=0.088$，$P<0.05$），当施氮量为 202 kg/hm² 时，其效益最高达到 11 399元/hm²。

表 4-3　各点位施氮量与玉米、小麦考虑环境成本经济效益之间的关系

作物	点位	考虑环境成本经济效益	最高效益施氮量（kg/hm²）	R^2
玉米	BJN1	$y=-0.1425x^2+41.177x+4772.5$	144	0.380 9
	HAN1	$y=-0.1217x^2+25.727x+15345.0$	106	0.371 3
	HAN2	$y=-0.1131x^2+28.719x+10613.0$	127	0.620 7
	HEN1	$y=-0.1041x^2+31.548x+9455.4$	152	0.468 7
	SDN1	$y=-0.1622x^2+51.087x+9889.8$	157	0.377 8
	SDN2	$y=-0.0741x^2+17.376x+8215.3$	117	0.735 1
小麦	BJN1	$y=-0.0647x^2+18.769x+1497.2$	145	0.385 8
	HAN1	$y=-0.0938x^2+34.724x+14564.0$	185	0.854 8
	HAN2	$y=-0.0866x^2+31.871x+13091.0$	184	0.635 0
	HEN1	$y=-0.0586x^2+18.289x+8207.8$	156	0.775 5
	SDN1	$y=-0.1272x^2+62.874x+4545.0$	247	0.790 0
	SDN2	$y=-0.0888x^2+37.985x+5707.5$	214	0.349 4

4.1.3　施氮量与吸氮量之间的关系曲线

4.1.3.1　籽粒吸氮量

6个点位3年监测期内，任一施氮处理的籽粒吸氮量均表现出较大的时空差异（图4-3），但都可以通过一元二次方程来描述（表4-4）。不施氮条件下，所有点位玉米和小麦的籽粒平均吸氮量分别为（70±24）kg/hm² 和（84±39）kg/hm²。

籽粒吸氮量与施氮量之间的关系可用方程式 $y=-0.0008x^2+0.3578x+69.444$（$R^2=0.2443$，$P<0.01$）来描述，当施氮量为 224 kg/hm² 时，玉米籽粒吸氮量达到最高点（109 kg/hm²）。类似地，小麦籽粒吸氮量与施氮量之间的关系可用下式表示：$y=-0.0007x^2+0.4413x+82.278$（$R^2=0.2876$，$P<0.01$），当施氮量为 315 kg/hm² 时，小麦籽粒吸氮量最高达 152 kg/hm²。

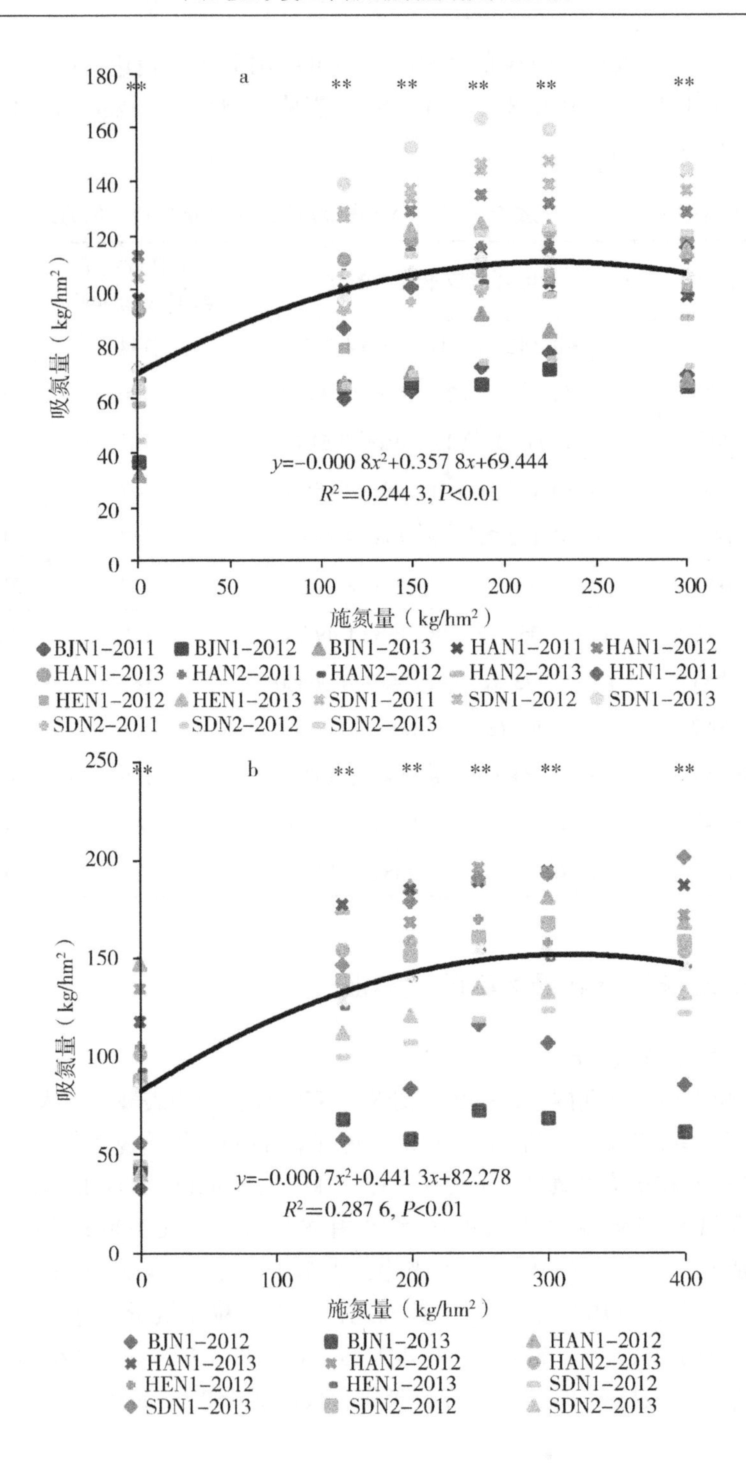
a
吸氮量（kg/hm²）
施氮量（kg/hm²）
y=-0.000 8x²+0.357 8x+69.444
R²=0.244 3, P<0.01
BJN1-2011 BJN1-2012 BJN1-2013 HAN1-2011 HAN1-2012
HAN1-2013 HAN2-2011 HAN2-2012 HAN2-2013 HEN1-2011
HEN1-2012 HEN1-2013 SDN1-2011 SDN1-2012 SDN1-2013
SDN2-2011 SDN2-2012 SDN2-2013
b
吸氮量（kg/hm²）
施氮量（kg/hm²）
y=-0.000 7x²+0.441 3x+82.278
R²=0.287 6, P<0.01
BJN1-2012 BJN1-2013 HAN1-2012
HAN1-2013 HAN2-2012 HAN2-2013
HEN1-2012 HEN1-2013 SDN1-2012
SDN1-2013 SDN2-2012 SDN2-2013

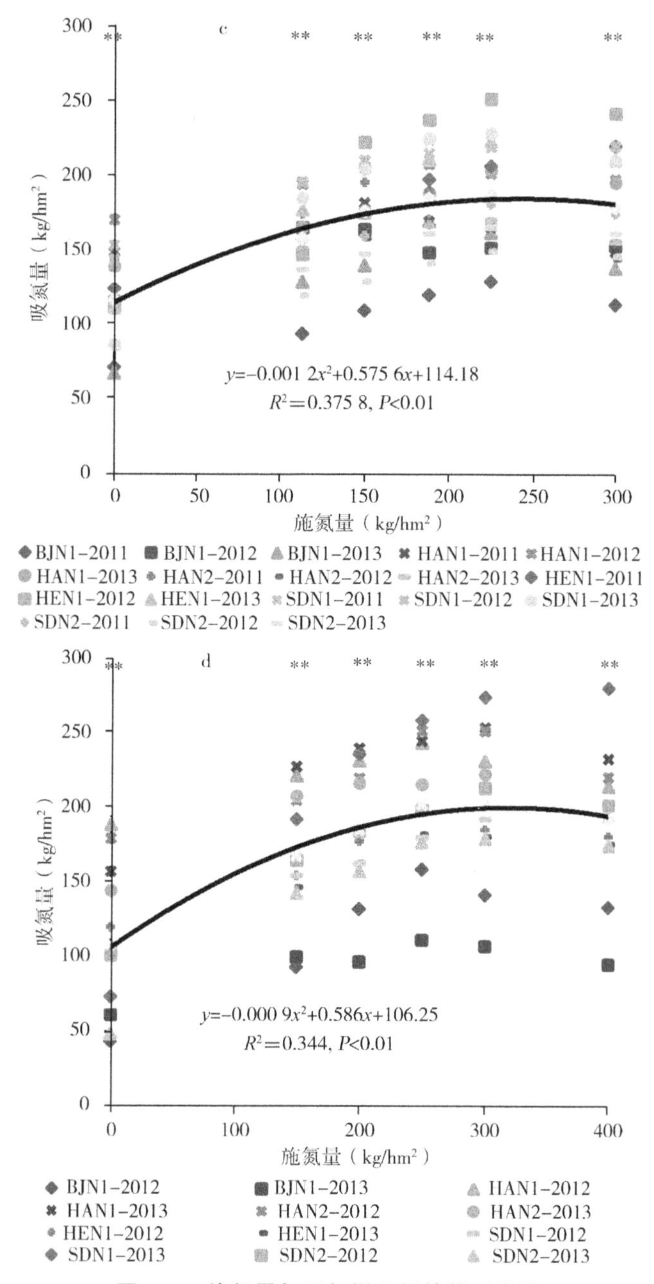

图 4-3 施氮量与吸氮量之间的关系曲线

（a. 玉米籽粒吸氮量；b. 小麦籽粒吸氮量；c. 玉米植株整体吸氮量；d. 小麦植株整体吸氮量；** 表示相同施氮量下不同点位之间的显著性差异 $P<0.01$）

表 4-4　各点位施氮量与玉米、小麦籽粒吸氮量之间的关系

作物	点位	籽粒吸氮量响应	最高吸氮量施氮量（kg/hm²）	R^2
玉米	BJN1	$y=-0.0008x^2+0.3607x+34.067$	225	0.835 6
	HAN1	$y=-0.0005x^2+0.2134x+99.594$	213	0.329 8
	HAN2	$y=-0.0008x^2+0.3376x+72.227$	211	0.636 5
	HEN1	$y=-0.0007x^2+0.3617x+64.720$	258	0.773 2
	SDN1	$y=-0.0012x^2+0.5518x+86.739$	230	0.829 2
	SDN2	$y=-0.0006x^2+0.3215x+59.315$	268	0.377 8
小麦	BJN1	$y=-0.0005x^2+0.3237x+34.729$	324	0.523 2
	HAN1	$y=-0.0008x^2+0.4153x+132.160$	260	0.865 7
	HAN2	$y=-0.0007x^2+0.3962x+115.580$	283	0.704 1
	HEN1	$y=-0.0005x^2+0.3500x+96.590$	350	0.864 7
	SDN1	$y=-0.0009x^2+0.6273x+50.825$	349	0.598 0
	SDN2	$y=-0.0008x^2+0.5356x+63.788$	335	0.763 6

4.1.3.2　植株整体吸氮量

作物植株整体吸氮量变化特征与籽粒吸氮量相同（图 4-3 和表 4-5），一定施氮量范围内，吸氮量随施氮量的增加而增加，但当施氮超过一定量后，吸氮量逐渐下降。所有点位不施氮处理的玉米和小麦整体吸氮量分别为（116±29）kg/hm²和（108±50）kg/hm²。

玉米整体吸氮量与施氮量的关系可用方程式 $y=-0.0012x^2+0.5756x+114.18$（$R^2=0.3758$，$P<0.01$）来表达，当施氮量为 240 kg/hm² 时，植株整体吸氮量达到最高点 183 kg/hm²。同样，施氮量对小麦整体吸氮量的影响可用一元二次方程 $y=-0.0009x^2+0.586x+106.25$（$R^2=0.344$，$P<0.01$）来表示，当施氮量为 326 kg/hm² 时，小麦整体吸氮量最高，为 202 kg/hm²。

表 4-5　各点位施氮量与玉米、小麦植株整体吸氮量之间的关系

作物	点位	植株整体吸氮量响应	最高吸氮量施氮量（kg/hm²）	R^2
玉米	BJN1	$y=-0.0013x^2+0.5676x+83.17$	218	0.500 5
	HAN1	$y=-0.0008x^2+0.3415x+150.45$	213	0.369 9
	HAN2	$y=-0.0014x^2+0.5524x+118.63$	197	0.608 5
	HEN1	$y=-0.0011x^2+0.7111x+112.50$	323	0.821 3
	SDN1	$y=-0.0017x^2+0.8021x+126.03$	236	0.867 2
	SDN2	$y=-0.0008x^2+0.4790x+94.30$	299	0.758 8

（续表）

作物	点位	植株整体吸氮量响应	最高吸氮量施氮量（kg/hm²）	R^2
小麦	BJN1	$y=-0.0008x^2+0.4997x+49.75$	312	0.682 2
	HAN1	$y=-0.0010x^2+0.5162x+171.70$	258	0.871 5
	HAN2	$y=-0.0009x^2+0.4974x+158.97$	276	0.750 6
	HEN1	$y=-0.0006x^2+0.4354x+110.66$	363	0.882 1
	SDN1	$y=-0.0011x^2+0.8607x+72.67$	391	0.729 9
	SDN2	$y=-0.0010x^2+0.7064x+73.72$	353	0.863 4

4.1.4 施氮量与氮素利用之间的关系曲线

4.1.4.1 氮素利用率（NUE）

虽然玉米和小麦的氮素利用率在空间和时间上的变异均很大（图 4-4）（$P<0.01$），但 NUE 与施氮量的相关性很好，每个点位均可用一元二次方程来表达（表 4-6）。玉米和小麦的氮素利用率和施氮量之间的关系方程分别为 $y=-0.0006x^2+0.1699x+25.568$（$R^2=0.1582$，$P<0.01$）和 $y=-0.0003x^2+0.0781x+34.122$（$R^2=0.1705$，$P<0.01$），当施氮量分别为 142 kg/hm² 和 131 kg/hm² 时，玉米和小麦的氮素利用率分别达到最高值。

表 4-6 各点位施氮量与玉米、小麦氮素利用率之间的关系

作物	点位	氮素利用率响应	氮素利用率最高施氮量（kg/hm²）	R^2
玉米	BJN1	$y=-0.0003x^2-0.0147x+44.107$	136	0.308 9
	HAN1	$y=-0.0005x^2+0.1688x+7.578$	186	0.286 1
	HAN2	$y=-0.0005x^2+0.0815x+31.936$	172	0.700 0
	HEN1	$y=-0.0017x^2+0.6825x-13.717$	214	0.258 1
	SDN1	$y=-0.0004x^2+0.0338x+58.211$	220	0.259 1
	SDN2	$y=-0.0003x^2+0.0675x+31.291$	148	0.451 4

（续表）

作物	点位	氮素利用率响应	氮素利用率最高施氮量（kg/hm^2）	R^2
小麦	BJN1	$y=-0.0004x^2+0.1631x+14.717$	204	0.264 6
	HAN1	$y=-0.0001x^2-0.0051x+38.532$	26	0.413 9
	HAN2	$y=-0.0004x^2+0.1440x+15.946$	180	0.474 6
	HEN1	$y=-0.0004x^2+0.2068x+4.641$	259	0.800 1
	SDN1	$y=-0.0002x^2-0.0209x+72.860$	52	0.274 0
	SDN2	$y=-0.0001x^2-0.0174x+58.034$	87	0.634 2

4.1.4.2 表观氮平衡（NB）

利用氮平衡来表达玉米和小麦季的表观氮盈余（施氮量减去植株吸氮量），当表观氮盈余为0时，氮输入和氮输出达到平衡状态。回归分析结果表明，华北平原各监测点位的表观氮平衡与施氮量之间存在较好的相关性（图4-4和表4-7）。

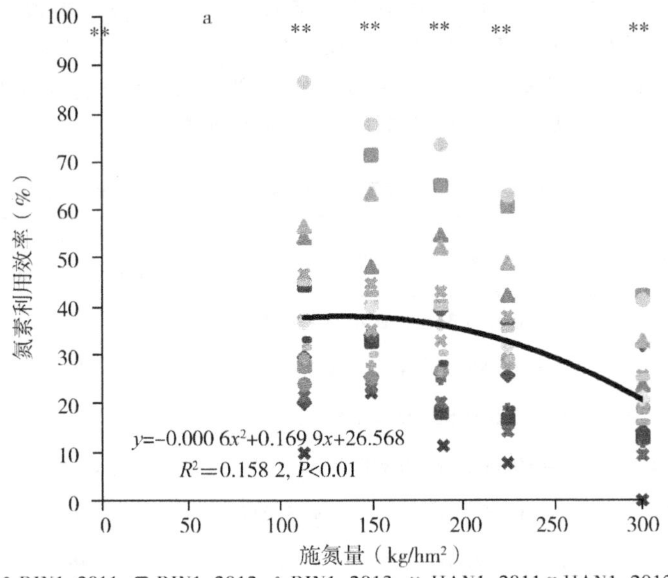

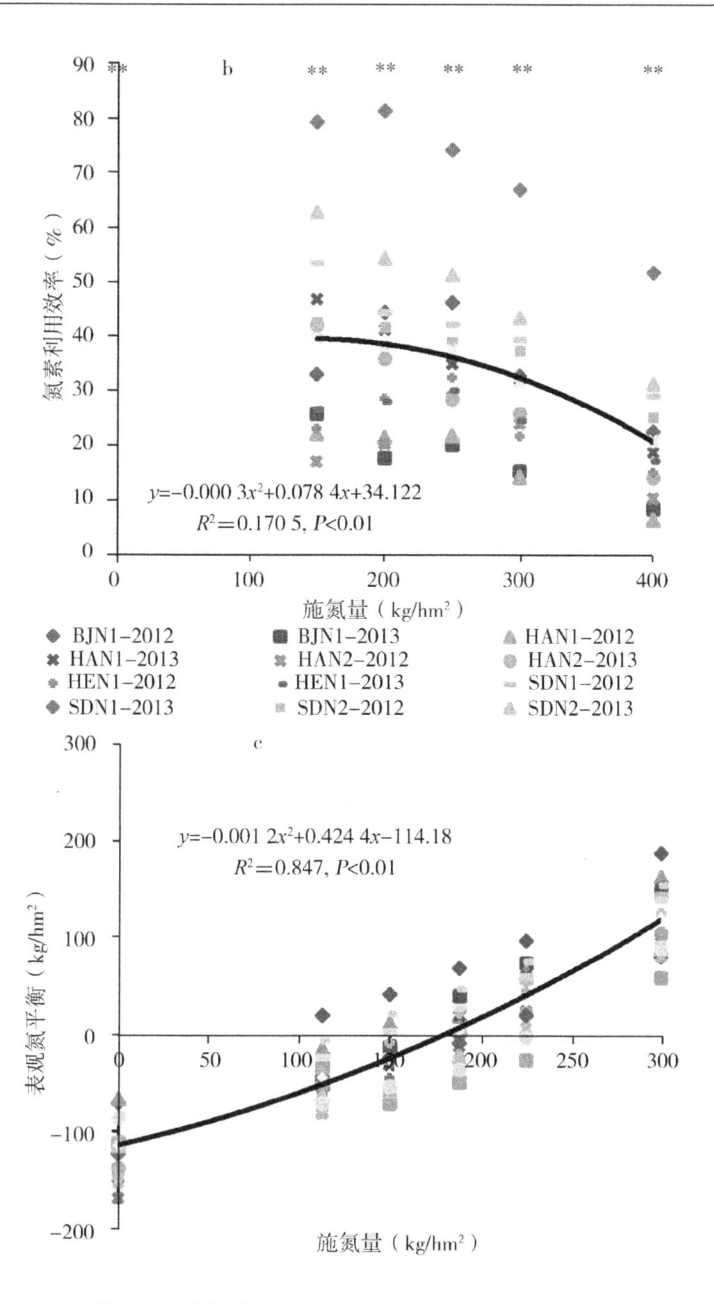
b
**
90
80
70
60
50
40
30
20
10
0
氮素利用效率（%）
y=-0.000 3x²+0.078 4x+34.122
R²=0.170 5, P<0.01
0
100
200
300
400
施氮量（kg/hm²）
BJN1-2012
BJN1-2013
HAN1-2012
HAN1-2013
HAN2-2012
HAN2-2013
HEN1-2012
HEN1-2013
SDN1-2012
SDN1-2013
SDN2-2012
SDN2-2013
c
300
200
100
0
-100
-200
表观氮平衡（kg/hm²）
y=-0.001 2x²+0.424 4x-114.18
R²=0.847, P<0.01
50
100
150
200
250
300
施氮量（kg/hm²）
BJN1-2011
BJN1-2012
BJN1-2013
HAN1-2011
HAN1-2012
HAN1-2013
HAN2-2011
HAN2-2012
HAN2-2013
HEN1-2011
HEN1-2012
HEN1-2013
SDN1-2011
SDN1-2012
SDN1-2013
SDN2-2011
SDN2-2012
SDN2-2013

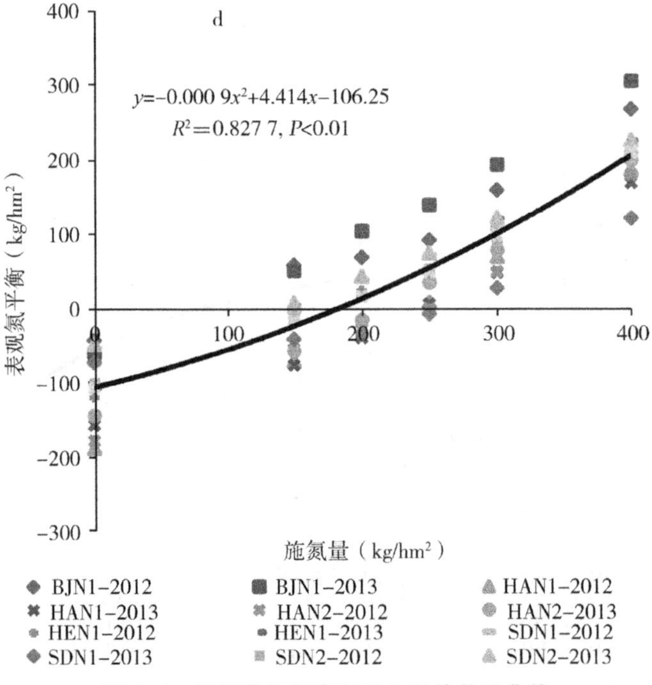

图 4-4　施氮量与氮素利用之间的关系曲线

（a：玉米氮素利用效率；b：小麦氮素利用效率；c：玉米表观氮平衡；d：小麦表观氮平衡；** 表示相同施氮量下不同点位之间的显著性差异 $P<0.01$）

一般来说，玉米和小麦表观氮盈余与施氮量之间的关系方程分别为 $y=0.001\ 2x^2+0.424\ 4x-114.18$（$R^2=0.847$，$P<0.01$）和 $y=0.000\ 9x^2+0.414x-106.25$（$R^2=0.827\ 7$，$P<0.01$）。根据这两个方程，当玉米和小麦施氮量分别为 177 kg/hm² 和 230 kg/hm² 时，其表观氮盈余均达到零。

表 4-7　各点位施氮量与玉米、小麦氮素表观平衡之间的关系

作物	点位	氮平衡响应	氮平衡施氮量（kg/hm²）	R^2
玉米	BJN1	$y=0.001\ 3x^2+0.432\ 4x-83.17$	136	0.930 5
	HAN1	$y=0.000\ 8x^2+0.658\ 5x-150.45$	186	0.962 2
	HAN2	$y=0.001\ 4x^2+0.447\ 6x-118.63$	172	0.967 7
	HEN1	$y=0.001\ 1x^2+0.288\ 9x-112.50$	214	0.911 4
	SDN1	$y=0.001\ 7x^2+0.197\ 9x-126.03$	220	0.964 6
	SDN2	$y=0.000\ 8x^2+0.521\ 0x-94.30$	148	0.968 7

（续表）

作物	点位	氮平衡响应	氮平衡施氮量（kg/hm²）	R^2
小麦	BJN1	$y=0.0008x^2+0.5003x-49.75$	87	0.971 9
	HAN1	$y=0.0010x^2+0.4838x-171.70$	238	0.992 9
	HAN2	$y=0.0009x^2+0.5026x-158.97$	225	0.983 7
	HEN1	$y=0.0006x^2+0.5646x-110.66$	167	0.992 1
	SDN1	$y=0.0011x^2+0.1393x-72.67$	201	0.830 8
	SDN2	$y=0.0010x^2+0.2936x-73.72$	162	0.967 5

4.2 讨论

4.2.1 最佳施氮量确定指标筛选

优化施氮量将是保持较高作物产量同时降低环境风险的有效方法。然而，最佳 N 速率将根据不同目标而不同，例如最大产量或最大经济效益。农田粮食生产对人类生存具有重要意义（Mueller et al.，2012），尤其对中国来说，人口约占世界的 20%，耕地面积仅占世界的 9%，因而其粮食高产至关重要。现代科学技术，如农用化学品（包括农药、塑料薄膜、化肥）、作物育种技术、农机和天气预报等，为农业持续、快速、健康发展提供了基本条件（Wang et al.，2015b；Zimmer et al.，2016；Sarkar et al.，2008）。其中，化肥尤其是氮肥的施用无论是发达国家还是发展中国家均发挥了至关重要的增产作用（Malhi et al.，2001；Li et al.，2009c；Lassaletta et al.，2014）。2015 年，中国氮肥施用量约 3 300 万 t，约占全球（1.09 亿 t）的 30%（Heffer et al.，2016；Heffer，2016）。为了获得尽可能多的作物产量，农民实际生产中的过量施氮现象十分普遍，这不但造成资源浪费，还导致一系列环境污染问题（Ju et al.，2009）。而确定最佳施氮量是保持作物高产同时降低环境污染风险的最有效方法之一，但基于不同指标如产量、经济效益等所确定的最佳施氮量有所不同。

一般情况下，可以通过施氮量与特定指标（如产量、经济效益、环境成本、吸氮量、氮利用等）之间的关系曲线拐点确定最佳施氮量。作为政府和农民最关心的指标，产量对满足人类生活需求非常重要，因而也是以往研究中确定最佳施氮量的最常用指标（Chen et al.，2014a；Mueller et al.，2012；Wang et al.，2017；St Luce et al.，2015）；过去几十年来，为了提高农民收入，经济效益也被作为确定最佳施氮量的参考指标（Calvo et al.，2015；Xia et al.，2011）。同时，随着氮素排放环境风险的增加，氮肥施用后的氮排放也逐渐成为确定最佳施氮量时不可忽视的重要指标（Zhou et al.，2016；Wang et al.，2017；Liang et al.，2008）。此外，通过计算氮素排放造成的环境污染治理成本，可将环境问题转化为经济问题，从而确定考虑环境成本经济效益的最佳施氮量（Wang et al.，2014a；Zhou et al.，2016）。提高施氮量是提高作物产量必不可少的措施，但作物氮吸收饱和后就不能继续吸收过量的氮，因此，农田施氮量绝不能超过某一作物吸氮量最高时的施氮量（Zhong et al.，2006）。如果作物能够尽可能多地吸收氮素，或者作物氮吸收等于施氮量，则氮素损失量可以最小化，因而氮素利用率或氮素表观平衡也可以作为确定最佳施氮量的参考指标（Wang et al.，2014b；Liang et al.，2008；Niaz et al.，2015；Zhang et al.，2012b）。华北平原农民习惯施氮量普遍超过了作物需求，其中玉米和小麦施氮量分别为 263 kg/hm^2 和 325 kg/hm^2,但平均氮素损失量高达 179 kg/hm^2（Ju et al.，2009），因而探索兼顾产量和环境效益的最佳施氮量十分必要。

上述 7 种指标最重要的特点是通过它们与施氮量的关系曲线可以很容易确定一个拐点（指标最高点），从而将其对应的施氮量作为指标最高施氮量。基于此，本研究以华北平原玉米小麦轮作种植模式为研究对象，量化了以产量、传统经济效益、环境治理成本效益、氮吸收、氮素利用和氮素平衡为约束指标确定的 7 种最佳施氮量，并分析了这 7 种最佳施氮量之间的差异。

4.2.2 基于不同指标的最佳施氮量不确定性

最佳施氮量可能取决于当年气象条件和彼时土壤氮水平，因此为了实现利润最大化，每年的农田管理决策可能都有所不同，例如每年作物的具体需氮时期均有所差异（Babcock，1992）。同样，特定施氮量对各指标的影响均包含两种普遍形式，即某一点位的最佳施氮量存在时间差异、某一年份的最佳施氮量存在空间差异，此类现象在以前的文献中也很常见（Wang et al.，2014a；Liu et al.，2016）。这些变异的存在主要与气候、土壤肥力的空间时间变化有关（Wang et al.，2014a；Shahandeh et al.，2005；Machado et al.，2002）。这些指标之间存在相互作用，产量是其中最重要的指标，因为其他所有指标的计算都直接或间接地与产量关联。产量主要受天气和土壤影响，而产量变化会导致其他指标变化。此外，氮吸收和氮素利用还受作物氮浓度的影响，经济效益还受粮食价格、劳动力成本、化肥投入成本、机械成本和环境治理成本等因素的影响（Wang et al.，2014a）。

基于相同数据的不同拟合方程具有不同的拐点，例如，线性平台方程和一元二次方程都可以用来表示产量对施氮量的响应（Liu et al.，2016）。基于线性平台方程确定的最佳施氮量远低于一元二次方程所确定的最佳施氮量（Cerrato et al.，1990b）。要确定最恰当的方程式是很难的，研究人员必须研究所有数据以建立最正确的产量评价方式。通常用3种数学方程（线性平台、一元二次和指数方程）来表示作物产量随施氮量增加的变化。氮肥施用对作物产量的影响可以分为两个阶段，第一阶段是产量随施氮量的增加而增加，第二阶段是产量随施氮量的增加维持稳定状态甚至出现下降趋势（Sutton et al.，2011a；Wang et al.，2015a；Wang et al.，2017）。事实上，过量的氮肥施用不仅通过气体排放或淋溶等对环境造成危害，还对土壤质量不利（Guo et al.，2010），并进一步导致减产，但线性平台方程无法准确捕捉产量下降的趋势，因此本研究选择一元二次方程表示施氮量与产量之间的关系。

经济效益、吸氮量、氮素利用（不含表观氮平衡）随施氮量的变化趋势与产量变化类似（Xia et al.，2012；Wang et al.，2014a）。对于表观氮平衡来说，当施氮量低于作物氮吸收时，氮盈余量为负数，当施氮量高于作物氮吸收时，氮盈余量为正数，Valkama et al.（2013）的研究结果与本文相同。此外，所有7个一元二次方程上都可以明确一个拐点（指标最高值）来区分最佳施氮量，这些最佳施氮量的范围很大（玉米为142~240 kg/hm^2，小麦131~326 kg/hm^2）（表4-8），如NUE最高施氮量远低于产量最高施氮量。

表4-8 基于不同指标的最佳施氮量 单位：kg/hm^2

作物	氮素利用率	氮平衡	环境成本效益	经济效益	产量	籽粒吸氮量	植株吸氮量
玉米	142	179	136	191	208	224	240
小麦	131	183	202	253	277	315	326
整体	273	362	338	444	485	539	566

为便于政府氮素管理决策，确定一个区域尺度的宏观氮素限值是当前迫切需要的（Zhu et al.，1986）。在以往研究中，多用一年内或一个站点的结果确定最佳施氮量，这种情况下所用的指标并不可靠，而多点平均施氮量可以提供更准确的宏观指导（Wang et al.，2014a；Feinerman et al.，1990）。通过表4-1中列出的各点位施氮量—产量效应曲线所获得的产量最高施氮量表明，6个点位的产量最高施氮均值为211 kg/hm^2（玉米）和275 kg/hm^2（小麦），非常接近通过所有点位均值所得到的区域玉米最佳施氮量208 kg/hm^{2}和区域小麦最佳施氮量277 kg/hm^2，其他指标也表现出与产量相同的趋势（表4-2至表4-7）。因此，

在明确区域氮素管理基本值的基础上，特定点位的最佳施氮量可以根据当地具体情况调整后确定。

4.2.3 基于不同指标的最佳施氮量的适用性

大量研究证明，中国某些地区的施氮量相对作物需求普遍过量，而氮素高效利用有益于同时提高农学效益和环境效益（Cui et al.，2008b；Fan et al.，2007；Yan et al.，2012），因此，确定既可以满足作物养分需求又不存在环境污染风险的合理施氮量是很重要的（Wang et al.，2014a）。通常，确定最佳施氮量的方法很多，而每种方法均有其优点，但目前还没有统一的标准方法。鉴于区域差异，首先确定区域基本施氮量然后根据某地实际情况进行调整是可行的（Zhu et al.，1986）。例如，粮食主产区农田应以获得作物高产为目标，郊区农田应关注经济效益，而水源地或生态保护区临近农田必须考虑环境效益，以平衡农业生产活动对生态系统服务功能的影响（Glavan et al.，2015）。

较高的作物产量和传统经济效益一直是农民农田生产活动的主要出发点（Lewis et al.，1938；Rathke et al.，2006；Che et al.，2015）。农业农村部根据华北平原农田产量水平确定了玉米和小麦的推荐施氮量（表 4-9），涵盖了我国玉米和小麦总产量的 32%和 45%。之前也有研究显示，华北小麦获得高产的推荐施氮量应为 208 kg/hm^2（Liu et al.，2016），这比本研究所确定的最佳施氮量高 70 kg/hm^2。除有机肥氮外，欧洲小麦和玉米的平均氮肥推荐用量分别为 112 kg/hm^2（25~200 kg/hm^2）和 106 kg/hm^2（26~200 kg/hm^2）（Sutton et al.，2011a）。这些值均低于本研究为获得 99%最大产量而确定的玉米施氮量 179~208 kg/hm^2 和小麦施氮量 253~277 kg/hm^2（表 4-10）。与产量最高施氮量相比，经济效益最高施氮量有所下降（Wang et al.，2014a；Xia et al.，2016），已有研究表明，玉米产量最高和经济效益最高施氮量均值分别为 289 kg/hm^2 和 237 kg/hm^2（Wang et al.，2014a），但本研究中，玉米和小麦经济效益最高施氮量仅比玉米和小麦产量最高施氮量分别低 17 kg/hm^2 和 24 kg/hm^2。在巴基斯坦，玉米和小麦的经济效益最高施氮量分别为 120~150 kg/hm^2 和 120 kg/hm^2，这一施氮量下的环境和生产成本均较低（Asim et al.，2013；Shah et al.，2016）。由于受天气和作物管理等因素的影响，美国玉米主产区经济效益最高施氮量从 67 kg/hm^2 到 245 kg/hm^2 不等，并且地块间、年际间均由有所不同（Setiyono et al.，2011）。而随着中国经济的发展和生产结构的调整，农业投入必将随土地集约化利用强度的增加而降低，劳动力成本可能会随之不断增加，因此经济效应因素在探索最佳施氮量的过程中将尤为重要（Wang et al.，2016c；Basso et al.，2016）。

表 4-9 农业农村部发布的玉米和小麦推荐施氮量

作物	产量水平（kg/hm²）	最低施氮量（kg/hm²）	最高施氮量（kg/hm²）
玉米	<6 000	116	149
	6 000~7 500	149	186
	7 500~9 750	186	225
	>9 750	225	265
小麦	<5 630	102	138
	5 630~7 130	138	180
	7 130~9 000	180	237
	>9 000	237	280

表 4-10 基于不同指标的最佳施氮量所对应的产量和经济效益

作物	指标	最佳施氮量		产量		经济效益	
		(kg/hm²)	(%)	(kg/hm²)	(%)	(元/hm²)	(%)
玉米	氮素利用率	141. 58	68. 27	7 742. 11	97. 32	13 538. 27	98. 34
	氮平衡	178. 72	86. 06	7 913. 64	99. 48	13 781. 21	100. 11
	环境成本效益	136. 27	65. 38	7 706. 72	96. 88	13 479. 62	97. 92
	经济效益	191. 16	91. 83	7 941. 36	99. 83	13 797. 14	100. 22
	产量	208. 06	100. 00	7 955. 13	100. 00	13 766. 17	100. 00
	籽粒吸氮量	223. 63	107. 69	7 943. 45	99. 85	13 684. 00	99. 40
	植株吸氮量	239. 83	115. 38	7 906. 48	99. 39	13 543. 91	98. 39
小麦	氮素利用率	130. 67	47. 29	6 041. 02	90. 14	11 666. 38	91. 22
	氮平衡	183. 47	66. 06	6 432. 01	95. 98	12 452. 94	97. 37
	环境成本效益	201. 65	72. 92	6 526. 76	97. 39	12 624. 02	98. 71
	经济效益	253. 43	91. 34	6 684. 69	99. 75	12 831. 26	100. 33
	产量	276. 89	100. 00	6 701. 70	100. 00	12 788. 71	100. 00
	籽粒吸氮量	315. 21	113. 72	6 656. 33	99. 32	12 536. 21	98. 03
	植株吸氮量	325. 56	117. 69	6 628. 51	98. 91	12 429. 07	97. 19

作物氮吸收也是评价氮素利用率的常用指标（Pantoja et al.，2015），吸氮量

最高施氮量往往高于产量最高施氮量，这说明作物吸收氮可能高于作物生长所需氮量（奢侈吸收）（Zhong et al.，2006），因而一定程度上，作物可以通过氮吸收减轻过量施氮造成的危害；然而，玉米和小麦的产量最高施氮量均值分别为 208 kg/hm^2 和小麦 277 kg/hm^2，仅比玉米和小麦的吸氮量最高施氮量低 32 kg/hm^{2}和 49 kg/hm^2，因此这种缓冲机制极其有限，美国艾奥瓦州也有类似研究结果（Pantoja et al.，2015）。实际上，由于氮肥施用的环境响应曲线并不遵循通常的一元二次或指数函数规律，难以找到一个明显的拐点，因此氮排放不能直接用于确定最佳施氮量（Wang et al.，2014a），此时环境成本估算可将环境问题转化为经济问题，从而为确定最佳施氮量的提供一种新思路。如果将氮排放造成的环境污染治理成本纳入经济效益核算，其对应的最佳施氮量将进一步降低（Xia et al.,2016），已有研究表明环境危害最小的生态施氮量比经济效益最高施氮量低 56 kg/hm^2（Wang et al.，2014a），我们的研究结果也表明，考虑环境治理成本的最高经济效益施氮量相对传统经济效益最高施氮量降低了 50 kg/hm^2；而低施氮量（146 kg/hm^2）条件下的氮排放远低于高施氮条件（Thapa et al.，2015）。然而，在确定最佳施氮量时，环境成本并不是首要考虑因素，因为如果没有政府补贴（例如生态补偿），农民就无法承受高昂的环境治理成本（Li et al.，2014b；Xie et al.，2013）。

较高的氮素利用率和氮平衡代表较多的氮素吸收和较低的氮损失（Zheng et al.,2016b；He et al.，2013）。然而，最高氮素利用率和氮盈余为 0 都不能获得最高产量（He et al.，2013）。本研究发现，玉米氮盈余为 0 时的施氮量（179 kg/hm^2）比较接近最高产量施氮量，但小麦氮盈余为 0 时的施氮量（183 kg/hm^2）远低于最高产量施氮量（273 kg/hm^2）。此外，氮素利用率最高时（均为 39%）的施氮量（玉米 142 kg/hm^2 和小麦 131 kg/hm^2）略低于基于产量等指标确定的施氮量，而氮盈余为 0 时的施氮量将更低（Constantin et al.，2010）。

4.3 结论

作物产量一直是以往研究中确定最佳施氮量的最常用指标。然而，达到某一特定施氮量（最佳施氮量），产量随着施氮量的增加而增加，但该施氮量之后，产量增加微乎其微甚至开始下降，这一关系可用一元二次方程描述。同样地，施氮量对传统经济效益、考虑环境成本的经济效益、籽粒吸氮量、植株整体吸氮量、氮素利用率和氮平衡的影响均可用一元二次方程表示。因此，通过这些指标可以确定 7 种不同的最佳施氮量。所有这些指标都有其自身的理论依据，因此，不同的指标应充分考量其不同适用条件，例如，主要粮食产区应以获得最高产量为目的，郊区农田应重点关注经济效益，但靠近水源地或生态保护区的农田储备必须考虑环境效益。为了提高区域氮肥管理能力，并实现产量和环境效益双赢，本研究基于华北平原 6 个点位持续 3 年的实地监测试验，分析了 7 种最佳施氮量之间的区别。由于这 6 个点位间的土壤和气候差异，所确定的 7 种最佳施氮量均表现出较大的时空特异性；但为了确定一个区域参考值，可将这些点位的平均最佳施氮量作为区域最佳施氮量。然而，本研究还无法确定不同点位间的最佳施氮量是如何波动的，特定点位上的最佳施氮量在长时间尺度内的变化特征尚需进一步研究。

基于 7 个不同指标确定的 7 种最佳施氮量中，植株整体吸氮量最高时的施氮量（玉米 240 kg/hm^2，小麦 326 kg/hm^2）最高，其次为产量最高施氮量（玉米 208 kg/hm^2，小麦 277 kg/hm^2）和传统经济效益最高施氮量（玉米 191 kg/hm^2，小麦 253 kg/hm^2），当考虑环境治理成本时，最佳施氮量相对于传统经济效益来说，可进一步降低 20%~30%。然而，为了便于国家制定氮肥调控政策，确定区域尺度最佳施氮量参考值仍是必要的，本研究结果显示，玉米的最佳施氮量应控制在 179 kg/hm^2，此时可达到最大产量的 99.5%，并且氮素输入和输出可达到平衡状态（NB = 0）；小麦的最佳施氮量为 202 kg/hm^2，可获得最大产量的 97.4%，比氮素表观平衡时施氮量高出 20 kg/hm^2 左右。

5 基于DNDC模型的华北地区周年轮作种植合理施氮量研究

——以夏播玉米/大豆与冬小麦轮作为例

华北平原对保障我国粮食安全至关重要，该地区粮食产量占全国粮食作物的20%左右（中华人民共和国国家统计局，2016年）。华北平原以玉米（*Zea mays* L.）—小麦（*Triticum aestivum* L.）轮作为主，作物种植面积大、密度高，灌溉水、化肥和农药的大量投入极大地促进了作物生产（Chen et al.，2014a；Ju et al.，2016；Fang et al.，2006）．然而，化学品的过量使用已经引起了严重的环境问题（Zhang et al.，2004），主要包括地下水的硝酸盐污染（Ju et al.，2006）、温室气体排放（Zhang et al.，2012a）和土壤酸化等（Blumenberg et al.，2013）。当前，氮素损失是该地区备受关注的热点之一，在华北平原玉米季，过量施用的氮素在夏季强降雨条件下大量淋失，由此带来的地下水硝酸盐超标现象较为普遍（Ju et al.，2009）。因此，亟须可以同时保证农学效益和环境质量的最佳农田管理措施。最佳管理措施主要表现可以获得可持续的种植系统，该系统可以在人力投入最少的情况下，最大限度地有效利用太阳辐射和土地资源（Zhang et al.，2015a）。例如，与农作物单一栽培相比，间作系统被证明具有增产和改善光热高效利用的优势（Liu et al.，2017；Zhang et al.，2003）。

一般情况下，间作种植系统可以在同一时间段内同时种植两种或多种作物（Zhang et al.，2007b），并且作物收获时，不但能保证主栽作物产量，还能额外收获其他作物。通常情况下，间作种植优势突出，表现在可以提高生产力、有效控制病虫害、充分利用光热资源、保持良好的生态服务功能、产出更多的经济效益（Wu et al.，2014；Midega et al.，2014；Xia et al.，2013；Thierfelder et al.，2012）。然而，由于种植作物越多，所需要的劳动投入越多，所以实际生产过程中，间作种植以同时种植两种作物最为常见（Caviglia et al.，2011）；同时，间作种植系统中农作物播种和收获时间以及杂草控制等也都需要统筹考虑、合理配置（Feike et al.，2010），因而需要探索一种适宜机械化操作的最佳间作种植模式，以解决复杂的实际生产和人工成本问题。在不同的间作种植模式中，条带间作种植（即一种作物条带与另一种作物条带相间有序种植）是目前最适宜机械化的间作模式（Lesoing et al.，1999）。禾本科谷物与豆科作物间作是最常见的模式之一，Zhang et al.（2015）的研究验证了间作条带种植的可行性，也进一步明确了条带间作种植模式中的玉米和大豆行数分别是 4 和 6，同时这一种植参数也可以实现机械化管理。

大豆与谷类作物间作具有重要的农学和环境效益，我国大豆单产很低，但价格很高，同时进口的转基因大豆并不能被广泛接受（Zheng et al.，2013；Wang et al.，2016）。东北地区是我国主要的大豆种植区，但过去十几年内由于大豆产量较低其种植面积不断减少（Iizumi et al.，2016）。为了保护大豆生产，2015 年农业部出台了《关于促进大豆生产发展的指导意见》，计划到 2020 年将我国大豆种植面积提高到 930 万 hm^2。

在玉米生长季间作大豆，可以在不降低玉米产量的情况下提高大豆种植面积，这是提高大豆产量的最有效方法之一。此外，与玉米单作相比，玉米与大豆间作可以减少单位面积氮素施用，因为大豆可以在固定大气中的氮而几乎不需要额外较多的肥料氮投入（Zhang et al.，2015a；Yang et al.，2015b；Moyer-Henry et al.，2006）。豆科作物固氮的氮素可以进一步转移到玉米中，从而促进玉米产量提升和降低玉米氮素投入（Fan et al.，2006），较高的产量可以促进作物从土壤中吸收更多的氮，从而缓解长期过量施氮造成的农田氮累积问题。间作种植系统促进氮素吸收优势，可能主要来源于地上部光热资源的充分吸收利用和地下部氮素利用率的提高（Lv et al.，2014）。此外，豆科作物间作系统中的豆科植物被证明具有积极的后茬效应，有益于后茬作物的稳产和增产（Zhang et al.，2015a；Olasantan 1998；Bergkvist et al.，2011）。

作物模型是分析产量潜力、产量缺口或氮素利用的重要方法，模型模拟的最大优势之一，就是经过验证的模型可以准确地预测产量变化，并可使用有效的气象数据来评价不同种植模式的长期影响（Zhang et al.，2017c；Chen et al.，2015）。实际上，可以使用相关模型模拟间作种植系统，此类模型通常可以模拟间作作物对光、水和氮的竞争，例如可模拟杂草与小麦间作的 ALMANAC 模型（Debaeke et al.，1997）、模拟豌豆大麦间作的 STICS 模型（Corre-Hellou et al.，2009）、模拟小麦玉米间作的 RUE 模型（Gou et al.，2017）、模拟豌豆和春大麦间作的 FASSET 模型（Berntsen et al.，2004）等。然而，现有的模型一般是针对单行作物间作的，而对条带间作种植的模拟较弱（Gou et al.，2017）。相反，研究中常用的作物模型如 DNDC（DeNitrification - DeComposition）和 DSSAT（Decision Support System for Agro-technology Transfer）主要关注单作作物（Song et al.，2009；Min et al.，2011；Zhang et al.，2015b），但目前尚无关于此类模型用于间作系统模拟的论述，如果可以模拟间作种植模式，则可以广泛使用。

本研究中，选取在全球多地已经被验证的生物化学地球模型——DNDC 模型，该模型关注了其在模拟间作种植模式上的适用性（Deng et al., 2011; Tonitto et al.,2007）。该模型将生物地球化学过程与水文动力学相结合，可用于模拟各种植物生长过程中的氮吸收、氮胁迫和水分胁迫等生理过程。（Zhang et al., 2002）。大量研究中采用 DNDC 来确定最佳管理实践以实现产量或环境目标（Werner et al., 2012; Gopalakrishnan et al., 2012），然而，模型多用于模拟单作种植模式下的碳氮循环过程（Zhang et al., 2015b; Li et al., 2014c），尚未应用于间作种植模式。基于 DNDC 模型模拟单作种植模式的适用性，我们模拟了同时种植的两种农作物而形成一个间作系统，并假设通过调整两种农作物的最大生物量反映不同的套作模式，地上资源（例如光）和地下资源（例如水和养分）的竞争结果最终可以通过作物产量来显示。本研究中，我们基于田间试验对 DNDC 模型进行了校准和验证，证实了其模拟玉米单作、大豆单作、不同施氮量下玉米与大豆间作模式产量和氮素吸收的能力，然后利用验证后的模型评价了间作模式合理施氮情景下的长期效应。研究目的：一是评估 DNDC 模型在模拟不同施氮量下间作系统各作物产量和氮吸收的适用性；二是与单一栽培相比，利用经验证的 DNDC 模型量化长期间作中的优势。

5.1 结果分析

5.1.1 基于 DNDC 模型的夏玉米/大豆—冬小麦种植模式参数校准

N180 处理是指在玉米播种前施用 45 kg/hm^2 的基础氮肥，并在拔节期施用 180 kg N/hm^2，DNDC 模型可以很好地模拟这一处理下的间作玉米、间作大豆及其后茬冬小麦产量（图 5-1）。具体而言，间作的玉米和大豆的单产分别为（7 605± 488）kg/hm^2 和（1 915± 40）kg/hm^2，冬小麦的单产为（7 408± 330）kg/hm^2，模型模拟的这些作物产量（间作玉米 7 345 kg/hm^2，间作大豆 1 915 kg/hm^2，小麦 7 843 kg/hm^2）可以很好地（模型评价结果“非常好”）与实地观测值相吻合。与产量模拟结果相似，DNDC 在模拟植物氮素吸收量方面也非常准确，模型模拟的间作玉米和间作大豆的氮素吸收量分别为 122 kg/hm^2 和 130 kg/hm^2，而实地监测的间作玉米和间作大豆氮素吸收量分别为（129±9）kg/hm^2 和（127±3）kg/hm^2，对后茬冬小麦来说，模型模拟和实地监测的氮素吸收量分别为 203 kg/hm^2 和（217±16）kg/hm^2。

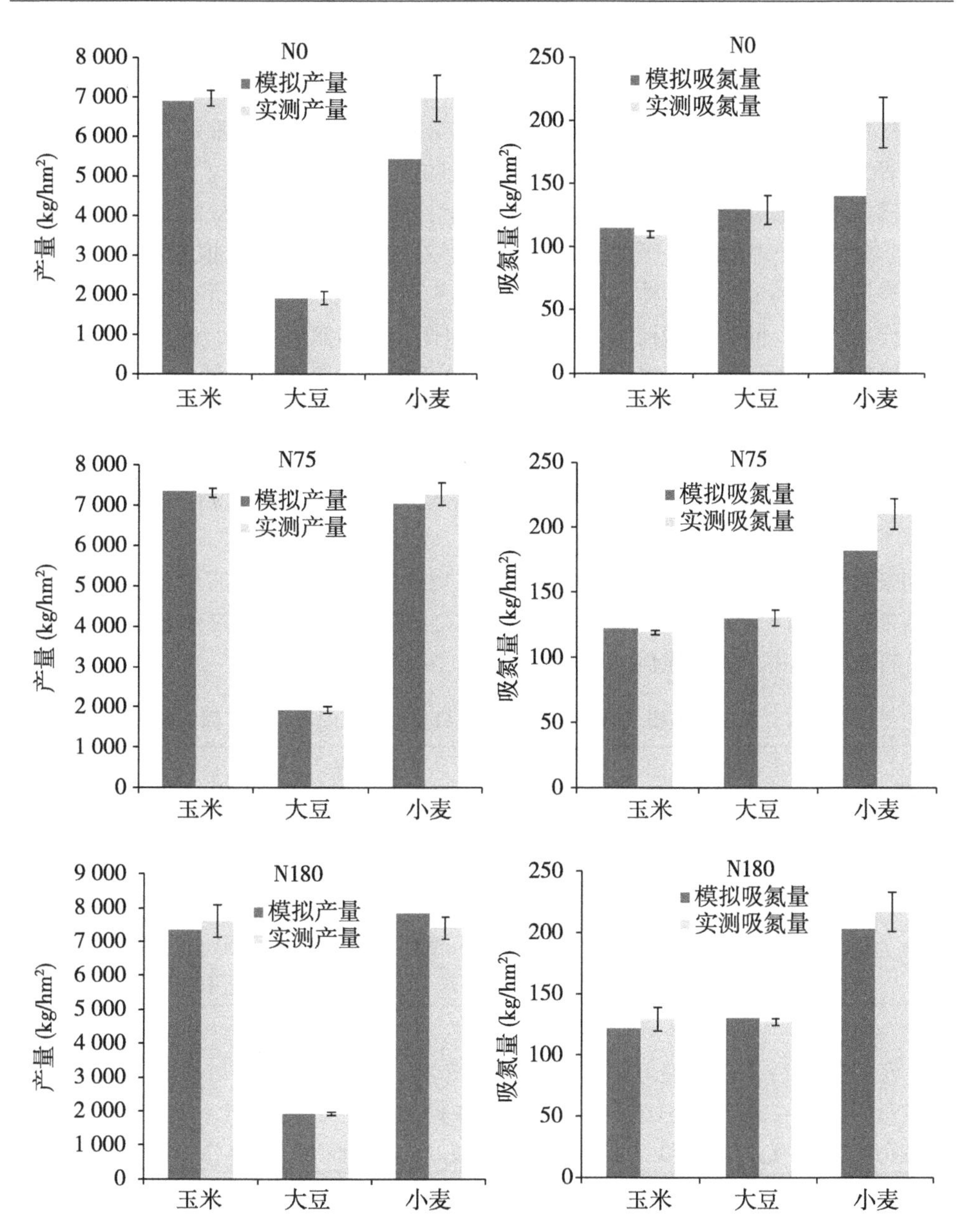

图 5-1 夏玉米/大豆—冬小麦种植模式下，不同处理的玉米、大豆、小麦的产量、吸氮量实地监测数据与模型模拟数据对比

（N0，基肥施用纯氮 45 kg/hm^{2}且不追肥；N75，基肥施用纯氮 45 kg/hm^{2}且玉米条带追肥纯氮 75 kg/hm^2；N180，基肥施用纯氮 45 kg/hm^2 且玉米条带追肥纯氮 135 kg/hm^2）

5.1.2 基于 DNDC 模型的夏玉米/大豆—冬小麦种植模式验证

模拟结果和观察结果之间的比较表明，DNDC 模型（“非常好”）准确捕捉到了 N0 和 N75 处理下间作玉米和间作大豆的产量和氮吸收量（图 5-1）。但是，尽管模型精确地模拟了 N75 处理的小麦产量，但它低估了 N0 处理的小麦产量以及 N0 和 N75 处理的氮素吸收量。综合模型对 N180 处理的模拟结果进行分析，结果表明，该模型可以预测夏玉米/大豆—冬小麦种植模式下所有氮肥管理情景下的作物产量，同时模型还可以准确模拟间作作物的氮素吸收，但是当夏播玉米施氮量较低或不施氮时，模型往往会低估后茬作物的氮素吸收量。

5.1.3 基于 DNDC 模型的单作玉米和单作大豆模拟及其后茬效应

值得注意的是，从模拟间作种植模式中获得的一些参数值必须重新校准，才能用于模拟夏季玉米或大豆单作种植模式。对于玉米单作来说，玉米的最大产量被调整为 4 500，对于大豆单作则需要调整更多参数，才能以实现与田间实地监测结果相近的产量和氮吸收。具体来说，大豆单作需要调整的参数包括最大产量，籽粒、叶片、茎的比例，以及 C/N 比（表 5-1）。

表 5-1 单作种植模式参数调整（本表只列出了与间作模式不同的参数）

作物	参数	默认值			校准值		
		籽粒	叶	茎	籽粒	叶	茎
玉米	最大产量［kg C/（hm^2·年）］	4 124	2 268	2 268	4 500	1 540	1 540
大豆	最大产量（kg C/（hm^2·年）］	1 229	773	773	1 900	844	844
	所占比例	0. 35	0. 22	0. 22	0. 45	0. 20	0. 20
	碳氮比	10	45	45	10	25	25

经过校准后，该模型可以准确模拟的玉米—小麦和大豆—小麦轮作下的各作物产量（图 5-2）。夏玉米—冬小麦轮作模式下，观测到的作物产量分别为（9 630± 115）kg/hm^2 和（7 398± 743）kg/hm^2，而模拟的作物产量分别为 9 728 kg/hm^{2}和 7 428 kg/hm^2。夏大豆—冬小麦轮作模式下，作物产量分别为（3 775± 100）kg/hm^2 和（7 188± 650）kg/hm^2，而模拟的作物产量分别为 3 903 kg/hm^2 和 8 058 kg/hm^2。同样地，夏玉米—冬小麦轮作模式中，不同处理下的玉米氮素吸收均得到了精确模拟（图 5-2）；实地观测中玉米吸氮量（160±3）kg/hm^2，小麦吸氮量（229±11）kg/hm^2，模型模拟结果低估了小麦的氮吸收，低估的氮素吸收量约 37 kg/hm^2；农田实地监测到的大豆、小麦氮吸收量分

别为（237±2）kg/hm^2 和（210±12）kg/hm^2，而模型模拟的为237 kg/hm^2 和205 kg/hm^2。

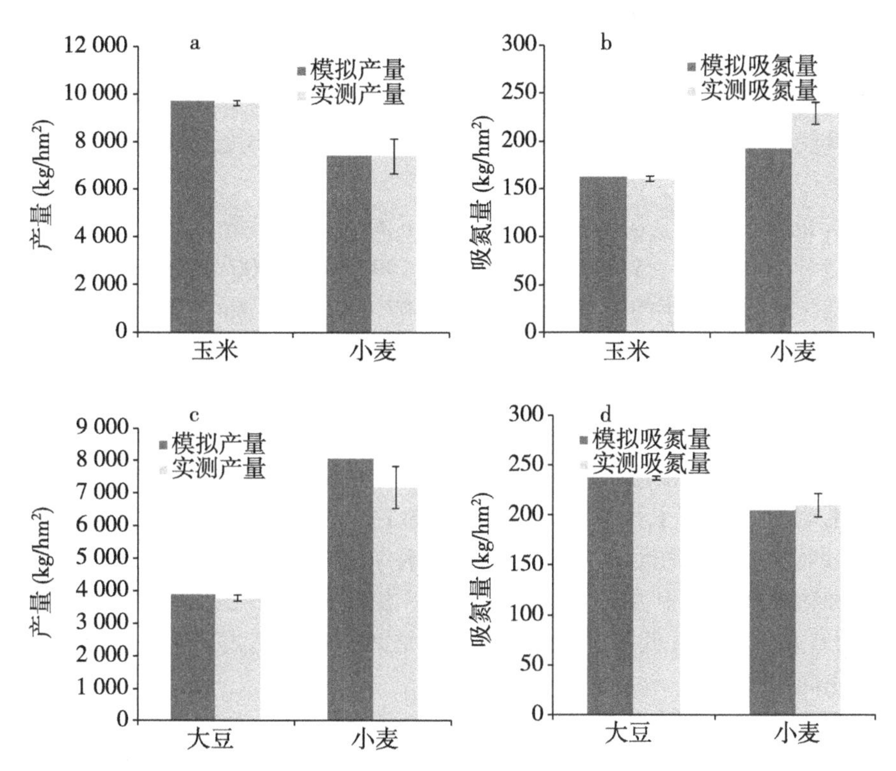

图5-2 夏玉米—冬小麦（a，b）和夏大豆—冬小麦（c，d）轮作模式下，玉米、大豆、小麦的产量、吸氮量实地监测数据与模型模拟数据对比

5.1.4 长期间作种植模式对产量的影响及其间作优势评价

1960—2012年的种植情景模拟发现，与玉米或大豆单作种植相比，间作模式明显提高了单位面积玉米和大豆产量。在3种氮肥管理方案中，间作使单位（每公顷）种植面积的玉米产量增加了48%~59%，使单位种植面积的大豆产量增加了19%~24%。3种氮肥管理方法对间作大豆的产量影响很小，N0模式下大豆产量为（2 630±625）kg/（hm^2·a），N75模式下大豆产量为（2 607±650）kg/(hm^2·a）和N180模式下大豆产量为（2 490±779）kg/（hm^2·a）；而不同氮肥追施量对间作玉米产量有显著影响（图5-3）。在不追施氮肥的情况下（N0），玉米产量较低仅为（3 268±179）kg/hm^2，而追施氮肥75 kg/hm^2（N75）、180 kg/hm^2（N180）处理的玉米产量分别为（7 386±812）kg/hm^2、(6 888±1 120）kg/hm^2。

尤其重要的是，N75 处理的玉米产量甚至高于 N180，因此，在玉米和大豆间作系统中，可以将 75 kg N/hm^2 的追肥量作为玉米最佳氮肥追施量。

关于夏播种植模式的后茬效应，冬小麦产量受前茬作物及其氮素管理模式的影响（图 5-3）。大豆单作处理的后茬小麦产量最高［（8 630±542）kg/hm^2］，而其他处理的后茬小麦产量为（7 373~8 418）kg/hm^2，其中 N180 处理的后茬小麦产量仅次于大豆单作，但 N0 处理与 N75 处理后茬小麦产量差异不大，均低于玉米单作。

53 年的模拟结果显示，在降水的驱动下的农作物产量发生了巨大变化。例如，1965 年、1968 年、1975 年、1984 年、1997 年和 2000 年的模拟玉米和大豆产量极低，因为这些年的降水量分别仅为 307 mm、393 mm、207 mm、290 mm、301 mm 和 242 mm，这说明，除作物和氮素管理外，还需要采取适当的水管理措施才能获得高产。

对土地利用效率（LER）的评估结果表明，如果采取适当的氮素管理模式，与玉米或大豆作种植相比，间作玉米和大豆种植模式优势明显。N75 的 LER 平均值为 1.42（范围为 1.04~1.61），N180 的 LER 平均值为 1.32（范围为 0.96~1.46），两者 LER 值均大于 1，这说明这两种管理模式下的间作系统土地利用率比单作种植模式土地利用率高 32%~42%；相反地，N0 的 LER 平均值为 0.99（范围为 0.88~1.27）低于 1，这说明即使是间作种植模式，氮肥管理不当也不能表现出间作优势。

5.2 讨论

通常情况下，管理方式恰当的间作种植模式可以比单作种植获得更多的产量，因此间作种植往往是保障粮食安全的重要措施之一。我国农民历来重视间作种植模式的应用（Zhang et al.，2007c；Li et al.，2001），但随着劳动力成本和机械化作业需求的提高，加上间作种植过程较复杂，这就导致间作种植模式在目前却越来越少（Feike et al.，2012）。最理想的情况是，间作种植模式可以通过现有的或稍加改造的机械就能完成操作，这样农户才更有意愿采用这一种植模式。在前期研究过程中，Zhang et al.（2015a）证明了作物条带化间作种植既可以减少劳动投入，又能通过现有的播种机和收割机完成播种和收获作业，这种模式在华北平原具有很高的应用潜力。但是，氮肥管理措施和天气变化使得条带间作种植具有较大的不确定，同时，由于时间和成本限制，采用原位监测试验的方法很难完成广泛而全面的影响因素评估，因而，为解决此类问题而开发的相关模型将为有效评估关键影响因素提供了便利。

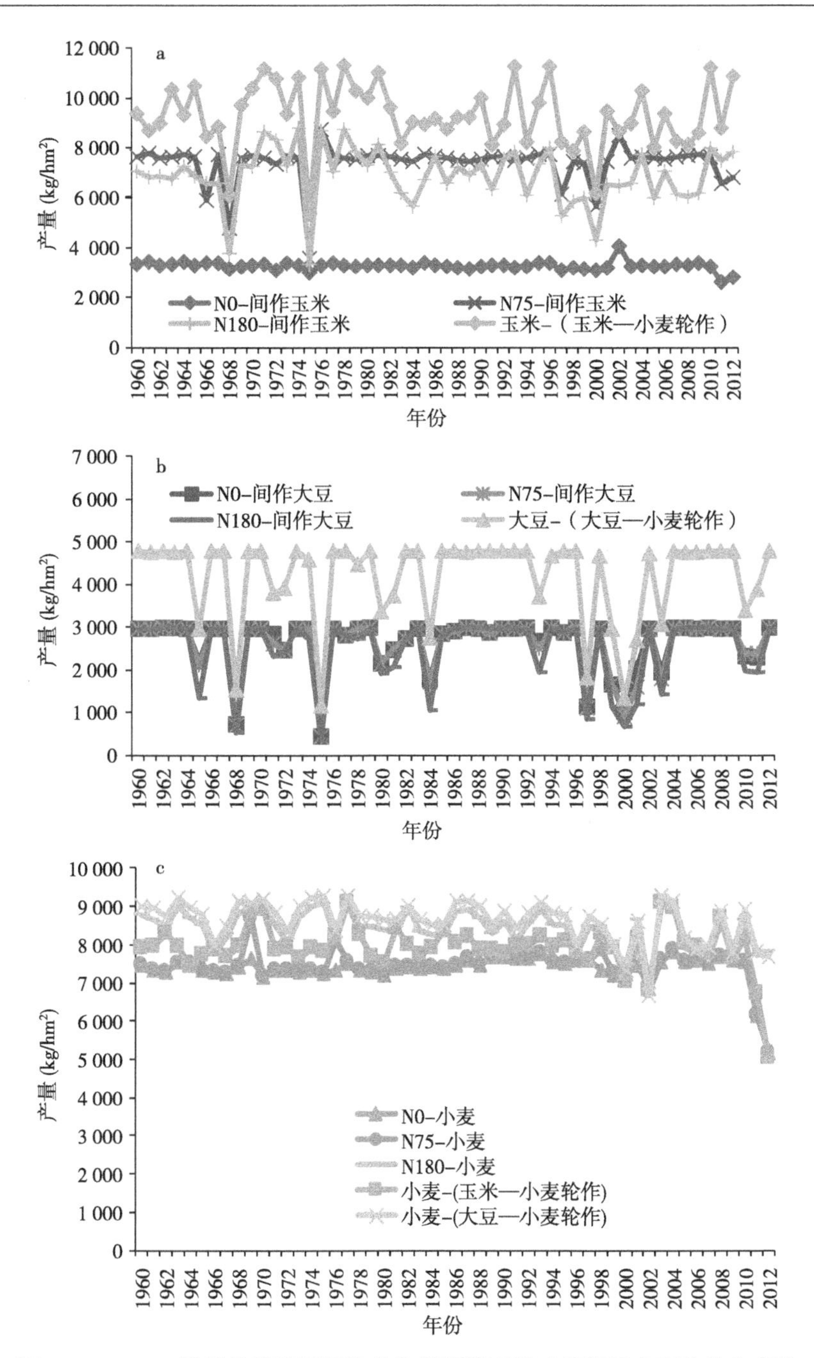

图 5–3　DNDC 模型模拟的不同作物和氮肥管理模式长期尺度下的作物产量

（a：玉米；b：大豆；c：小麦）

本研究证实了 DNDC 模型可以准确模拟不同氮素管理策略下的间作玉米、间作大豆产量和氮素吸收量。一直以来，DNDC 主要用于模拟农业生态系统中的碳氮生物地球化学以及单作种植作物的产量（Zhang et al.，2017c），本研究证明了 DNDC 模型模拟间作种植系统的能力，这为扩展这一模式的应用提供了重要支撑，尤其是该模型通常主要用于模拟单作作物产量潜力的情况下，间作系统模拟适应性评价可以很好地弥补这一缺点（Zhang et al.，2015b；Van Ittersum et al.，2013；Liang et al.，2011）。但是值得注意的是，模拟玉米和大豆的间作、单作往往需要不同的参数值，这也是符合现实情况的，因为由于种植模式的不同，间作作物间的相互作用导致其生长模式也不同于单作作物（Zhang et al.，2003；Zuo et al.，2008；Betencourt et al.，2012）。该模型还准确预测了追施高量氮肥处理（N180）的后茬冬小麦产量和氮素吸收量，但是当前茬作物追施较少氮肥（N75）或不追施氮肥（N0）时，模型往往会低估后茬小麦产量和氮素吸收量，这可能是由于该模型低估了间作种植模式本身对后茬小麦生长的正效应，或者是低估了后茬小麦生育期间的大气氮沉降，因此在未来的研究中，我们应该加强该模型在间作后茬效应方面的模拟能力，以进一步提高 DNDC 模型模拟不同种植模式的能力。

尽管由于年际间天气差异而导致产量的年际波动，但长期模拟显示，间作比单作具有更加稳定的产量优势。一定情况下，单位面积上间作和单作之间实际收货的作物产量往往差别较大，这可能是由于两个种植系统中作物实际种植密度不同。但值得注意的是，本研究中采用的作物种植密度与农民习惯一致，更重要的是，间作种植优势主要来自不同作物的种间竞争和种间促进的相互平衡（Zhang et al.，2003；Betencourt et al.，2012；Zuo et al.，2008）。通过种间的相互促进作用，例如光合有效辐射相互利用或辐射利用率的提高（Liu et al.，2017）等都可以改善间作系统中的作物生长和养分吸收，而间作作物水分和养分的吸收利用可以进一步促进根瘤菌驱动的大豆进行大气氮固定（Corre-Hellou et al.，2006）。模拟结果显示，与追施低量氮肥（N75）相比，追施高量氮肥（N180）并不能获得更高的玉米产量，因此存在这样一种可能，由于追施的高量氮肥向玉米提供了充足氮素而导致其种间促进作用较少。但实际上，为了保证间作种植产出更多的粮食，必须在玉米条带上追施一定量的氮肥，因为不追施氮肥将会导致间作玉米及其后茬小麦低产。

长年尺度的模拟结果显示，追施氮肥 75 kg/hm^2 的间作玉米和间作大豆相对单作玉米和单作大豆，作物产量分别提高了 59%和 24%，同时 N75 的 LER 值为 1.42（大于 1），这表明这一施氮措施下的间作种植土地利用率比作物单作种植高 42%。此外，结果还表明，在华北平原上可以通过玉米与大豆间作促进大豆种植和生产，这将有助于提高我国大豆的自供给能力，从而减轻对其他国家进口大豆的依赖。应该注意的是，长年尺度模拟很可能低估了少雨年份的农作物产量，但在生产实践中，农民面对干旱都会采取一些额外的管理措施，如灌溉或土壤覆膜等以应对降水较少的情况。但不管如何变化，模拟结果也是有实际意义的，因为模型具有模拟所有天气条件下各种植模式的产量和氮素吸收量的能力。

5.3 结论

本研究表明了 DNDC 模型可用于模拟间作系统作物产量和氮素吸收，可以极好的模拟夏季不同氮素管理情景下间作玉米和大豆的产量和氮素吸收量。当间作玉米不施氮或少量追施氮肥时，该模型往往会低估夏播间作种植后冬小麦的产量和吸氮量，这说明了 DNDC 模型需要进一步改进以提高其模拟间作种植的后茬效应。基于模型的长时间序列模拟结果表明，间作种植比作物单作种植的农学效益更高；间作种植时，在施用相同基肥氮（即 45 kg N/hm^2）的情况下，追施氮肥 75 kg N/hm^2 玉米比追施 180 kg/hm^2 的玉米产量具有更高的产量。从长远来看，与单一种植相比，间作种植可以使单位（每公顷）种植面积的玉米和大豆产量分别提高 59%和 24%，其中施用基肥 45 kg N/hm^2 且追施氮肥 75 kg N/hm^2 的间作模式 LER 值为 1.42，说明其间作优势明显；研究结果显示华北平原夏播玉米季间作大豆对增加我国大豆产量潜力巨大。

6　区域尺度基于产量和环境效应的作物合理施氮量确定

——以华北平原冬小麦为例

氮是促进作物生长、提高产量的最重要元素，氮肥为满足世界70亿人口的粮食需求做出了突出贡献（Erisman et al.，2008）。氮肥施用使发达国家粮食产量增加了40%以上（Malhi et al.，2001），发展中国家粮食产量增加了55%左右（Li et al.，2009c）。目前，全球人口仍在不断增长，这意味着未来的粮食需求量还将进一步扩大。为了获得更大作物产量，每年的施氮量持续增加，但氮利用效率不断下降（Cui et al.，2010；Liu et al.，2008）。如果过量的氮不能被植物吸收，多余的氮或残留在土壤中，或以氨、氧化亚氮的形式挥发到空气中，或通过淋溶、径流进入水体（Ju et al.，2009）。此外，在一定条件下，土壤中残留的氮还会以气体挥发或淋溶的形式进入环境（Cameron et al.，2013），导致严重的环境风险甚至直接污染（Zhang et al.，1996；Howarth 1998）。前人研究还表明，农业氮排放还可能导致气候变暖、水质恶化和土壤退化等一系列问题（Vashisht et al.，2015；Shan et al.，2015；Bazaya et al.，2009）。

优化农业氮肥施用可以从源头上减少氮污染的可能性（Ruidisch et al.，2013；Min et al.，2012），对农民来说，这也是成本效益最高、劳动力投入最少的面源污染控制方法（Wang et al.，2012）。中国耕地面积虽然大但单户土地面积相对较小，因此受气候、地形、种植模式、区域政策和许多其他因素的影响，不同田块的施氮量各不相同（Zhu et al.，2002；Ju et al.，2004）。目前，有多种基于不同约束指标确定最佳施氮量的方法，基于作物氮素需求，可以利用叶绿素仪、土壤无机氮测试或经验施肥模型确定最佳施氮量（Hou et al.，2012；Xu et al.，2014；Liu et al.，2003b），此类方法的特点是可以指导何时施氮，确定经验施氮量，间接缓解了环境污染风险，但是这一方法是以满足作物养分需求为主，并不直接考虑环境效应。以获得最高产量或经济效益为目的的方法，包括测土配方施肥、建立氮肥—产量或氮肥—经济效益效应曲线等，其特点是可以通过明显的突变点确定基于作物最高产量或经济效益的施氮量（Xia et al.，2012；

Cui et al., 2013a)。以氮肥环境风险估算为目的的方法，包括氮淋失潜力估算、各种氮素损失风险估算模型等，其中采取表观平衡法核算农田氮素投入与支出比例，减少土壤氮素盈余是目前最常用的确定适宜施氮量的方法（Song et al., 2009; Min et al., 2011），其特点是没有明显的突变点，仅局限于风险评估，也就是环境风险之间的相互比较，不能直接确定造成环境污染突变的施氮临界值。以执行相关规章制度为目的方法，包括执行相关环境保护规章、根据环保法规限定施氮量及施氮时期（Nevens et al., 2005; Schroder and Neeteson, 2008）等，但这一方法是建立在对某一环境指标有明确的限制性规定基础上的，如欧盟实施已久的《硝酸盐法案》中规定有机肥氮用量不能高于 170 kg/hm^2，这也是农田施氮与环境目标联系最为密切的确定施氮临界值方法，但这一方法多用于后期监测调整管理措施。朱兆良首先提出了区域平均适宜施氮的概念（Zhu et al., 1986），并经过田间试验验证（Yan, 2009），可为区域尺度的氮肥管理提供参考。

农田氮循环受气候、作物类型、土壤特性等多种因素影响，因此不同地区之间或在同一地区不同地块间的氮肥调控策略有所不同（Asgedom et al., 2011）。为了实现高产、高效和环保的目标，通过分析不同施氮量下的谷物产量和环境影响，可以确定兼顾产量和环境效益的最佳施氮量（Wang et al., 2012; Basso et al., 2011）。同一区域内的作物产量空间和时间差异均较大，这对于确定区域尺度最佳施氮量十分不利（Shahandeh et al., 2005; Li et al., 2005b）。而确定区域最佳施氮量可以解决氮肥施用不当（过量或不足）的问题，并为制定全国范围施氮管理政策提供指导，因此，为了确定区域尺度最佳施氮量以加强区域氮素管理，本文对关于华北平原作物产量和氮肥施用环境影响的文献进行全面综述，并分析了施氮量与产量以及环境参数（土壤氮残留、硝酸盐淋溶和氨挥发）之间的关系。

6.1 结果分析

6.1.1 施氮量与小麦相对产量之间的关系曲线

通过对涉及华北平原小麦施氮量和产量数据文献的综述发现，已有研究中所设置的小麦施氮量范围从 0~432 kg/hm^2 不等（图 6-1 和图 6-2）。整体上，由于每个监测试验都设置了空白对照（CK, 0 kg N/hm^2, $n=127$），导致最普遍的施氮量范围（21.28%）为 0 ~ 50 kg/hm^2，但 64% 的施氮量集中在 100 ~ 300 kg/hm^2，并且这一施氮范围下的小麦产量呈正态分布，产量范围为 5 000~9 000 kg/hm^2。

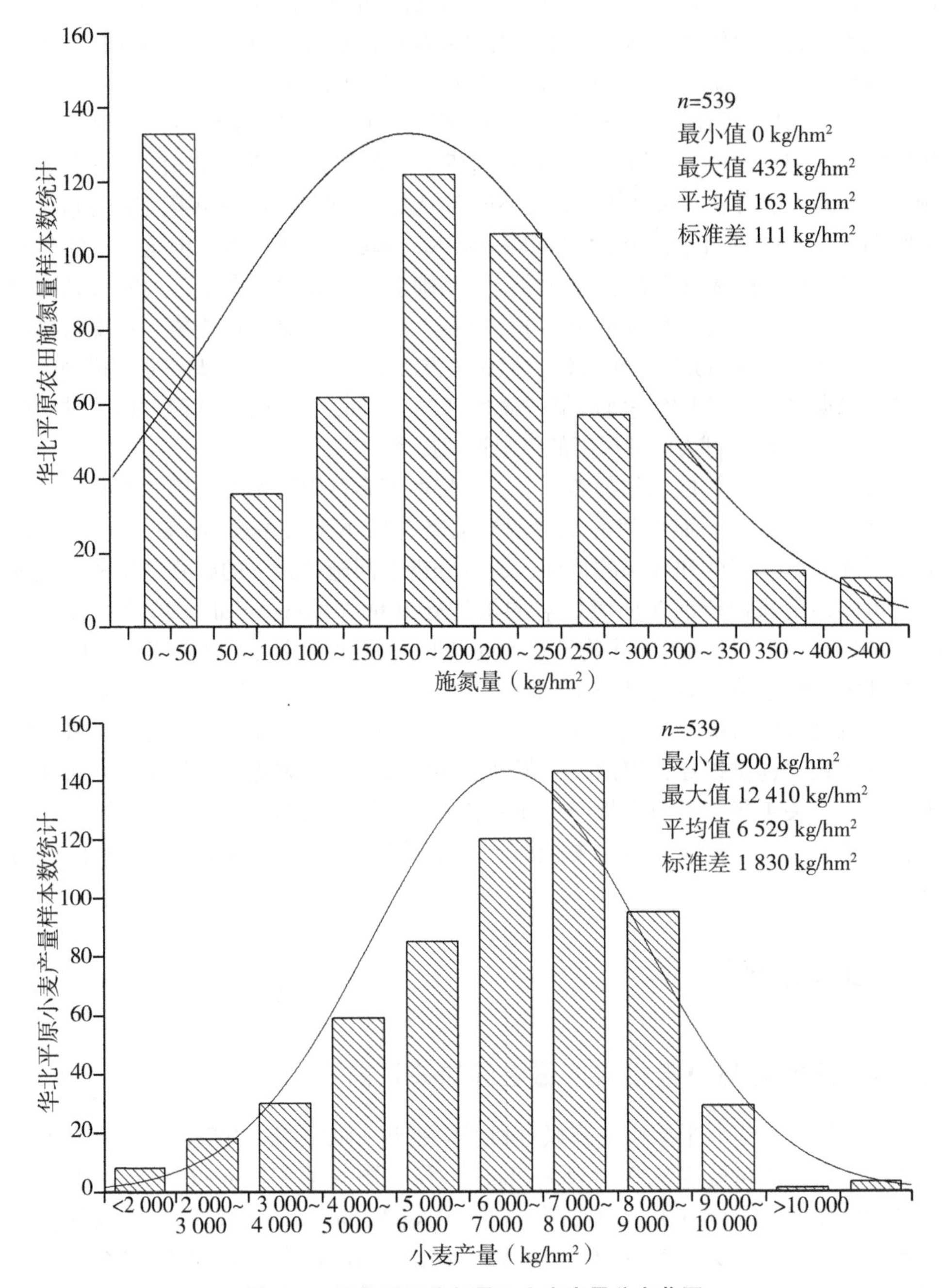

图 6-1　华北平原施氮量和小麦产量分布范围

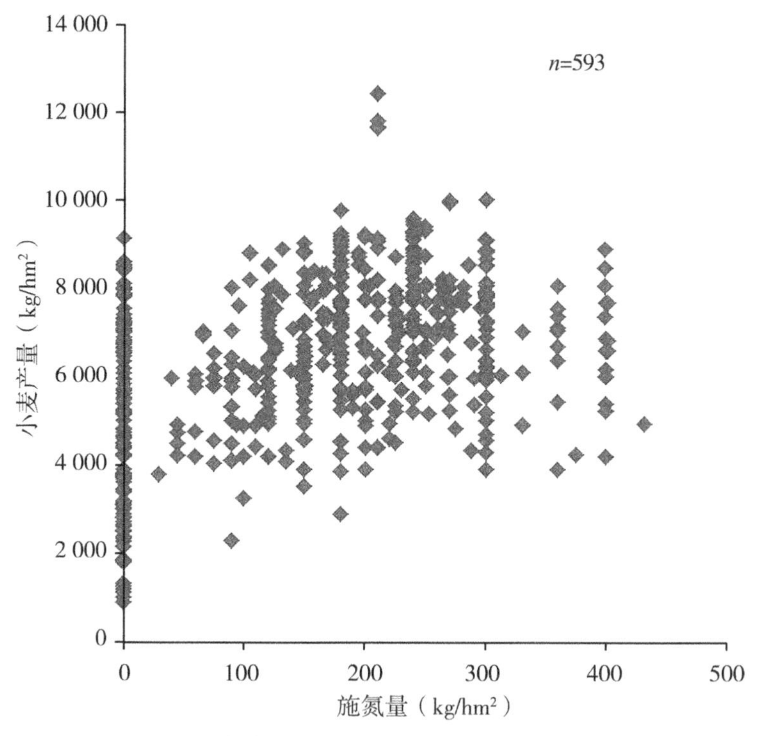

图 6-2 每个监测点位小麦产量随施氮量的变化

以每个监测点位的最大产量（y_{max}）为标准，用任一施氮量条件下的小麦产量除以 y_{max} 计算小麦相对产量（y_i），这一计算反映了任一施氮量对最高产量的贡献，并使得不同点位间的数据可以相互比较，本研究共收集到 59 篇文献中的 593 对数据。通常情况下，施氮量与小麦相对产量具有极显著相关性（$P<0.0001$），其关系可以用一元二次方程来表示（图 6-3），根据经验公式 $y=-0.0005x^2+0.2476x+66.95$（$R^2=0.53$），当施氮量为 247.6 kg/hm^2（$x=247.6$）时，小麦相对产量最大，可达到最高产量的 97.6%（$y=97.6$）。然后，将所有点位的平均最大小麦产量（7 380 kg/hm^2）乘以 97.6%（图 6-2），则施氮量 247.6 kg/hm^2 情况下的小麦最高产量为 7 203 kg/hm^2。当施氮量小于 247.6 kg/hm^2 时，小麦产量随施氮量的增加而增加，但当施氮量超过 247.6 kg/hm^{2}后，小麦产量开始下降。

6.1.2 不同氮肥施用量对环境的影响

过量的氮肥投入并不能完全被作物吸收，还将通过淋溶、径流、挥发等途径造成周边环境污染，本研究分析了土壤氮残留、淋溶系数、氨挥发系数等氮素环

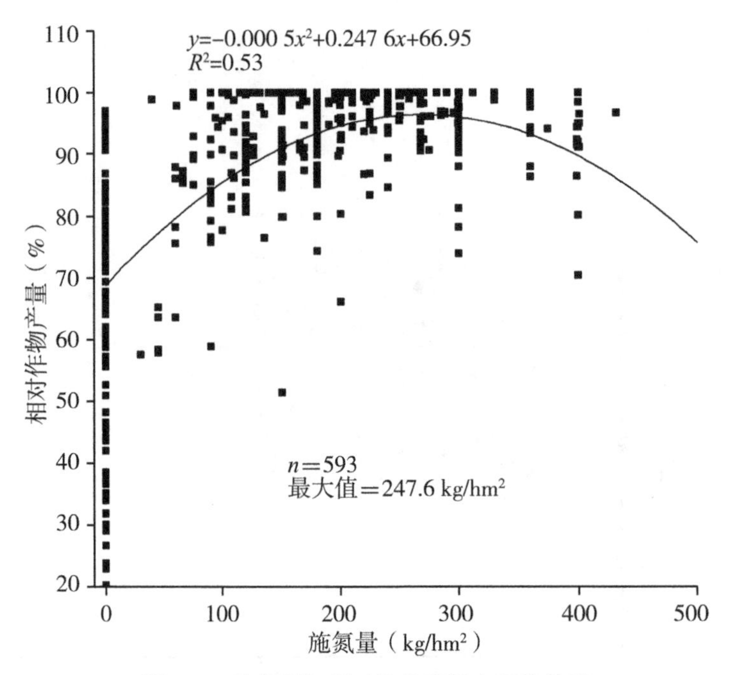

图 6-3　施氮量与相对作物产量之间的关系

境排放指标发现，随着施氮量的增加，土壤氮残留量和氨挥发量均随呈持续增加趋势，但土壤氮残留量以指数形式增加，而氨挥发量以线性形式增加（表 6-1）；此外，硝态氮淋溶系数为 7.5%。

表 6-1　环境排放公式或排放系数

环境效应	年份	公式或系数	来源
0~100 cm 土壤氮残留	2012 年	$y=65.68\times2.72^{0.0021x}$ （$P<0.0001$）	BJN1
	2013 年	$y=89.9\times2.72^{0.0039x}$ （$P<0.0001$）	
	2012 年	$y=113.11\times2.72^{0.0026x}$ （$P<0.0001$）	HAN1
	2013 年	$y=91.62\times2.72^{0.0044x}$ （$P<0.0001$）	
	2012 年	$y=97.4\times2.72^{0.0021x}$ （$P<0.0001$）	HAN2
	2013 年	$y=23.22\times2.72^{0.0059x}$ （$P<0.0001$）	
	2012 年	$y=113.52\times2.72^{0.0044x}$ （$P<0.0001$）	HEN1
	2013 年	$y=91.62\times2.72^{0.0040x}$ （$P<0.0001$）	
	2012 年	$y=11.55\times2.72^{0.0066x}$ （$P<0.0001$）	SDN1
	2013 年	$y=52.85\times2.72^{0.0050x}$ （$P<0.0001$）	
	2014 年	$y=113.58\times2.72^{0.0030x}$ （$P<0.0001$）	
	2012 年	$y=33.12\times2.72^{0.0047x}$ （$P<0.0001$）	SDN2
	2013 年	$y=126.31\times2.72^{0.0030x}$ （$P<0.0001$）	
	2014 年	$y=53.57\times2.72^{0.0044x}$ （$P<0.0001$）	

（续表）

环境效应	年份	公式或系数	来源
氮淋溶系数		7.5 %	（Gu et al.，2015）
氨挥发		$y=0.3255x-23.51$	BJN01

根据 4.1.1 的结果，小麦最高产量 7 203 kg/hm^2 对应的施氮量为 247.6 kg/hm^2，当达到最高产量的99%、98%、97%、96%、95%和94%时，产量分别为7 131 kg/hm^2、7 059 kg/hm^2、6 987 kg/hm^2、6 915 kg/hm^2、6 843 kg/hm^{2}和6 771 kg/hm^2，则其对应的施氮量分别为 203.4 kg/hm^2、185.1 kg/hm^2、171.0 kg/hm^2、159.2 kg/hm^2、148.8 kg/hm^2 和139.4 kg/hm^2（表6-2），进而与可获得的最高产量及其施氮量相比发现，产量降低1%~6%而施氮量可下降17.87%~43.72%；这也说明较少的产量代价可换取施氮量减少带来的大幅度环境效益。当最大产量从7 203 kg/hm^2 降低6%至6 771 kg/hm^2 时，0~100 cm 的土壤无机氮残留量从 196 kg/hm^2 下降至 131 kg/hm^2（减少了 32.13%），硝态氮淋溶量从 18.57 kg/hm^2 减少至10.45 kg/hm^2（下降了45.71%），氨挥发量从57.08 kg/hm^2 降至21.85 kg/hm^2（下降幅度63.60%）。

表 6-2 华北平原不同产量水平下的环境效应估算

产量水平	产量（kg/hm^2）	施氮量（kg/hm^2）	0~100 cm 土壤氮残留（kg/hm^2）	氮淋溶（kg/hm^2）	氨挥发（kg/hm^2）
MY	7 203	247.6	196	18.57	57.08
99%MY	7 131	203.4	166	15.25	42.68
98%MY	7 059	185.1	155	13.88	36.73
97% MY	6 987	171.0	147	12.83	32.16
96%MY	6 915	159.2	141	11.94	28.31
95%MY	6 843	148.8	135	11.16	24.92
94%MY	6 771	139.4	131	10.45	21.85

注：MY 是最高产量，99%MY 代表最高产量的 99%，依此类推。

氮肥施用既与产量相关又与环境效应密不可分，各环境指标边际效应变化趋势显示，各点位的土壤氮残留、硝态氮淋溶和氨挥发均随产量水平的下降而降低（图6-4），该处的“边际效应”是指产量变化1%时各环境指标的变化幅度。当最高产量减少2%达到最高产量的98%时，土壤氮残留、硝态氮淋溶和氨挥发的下降幅度均最大，而当 6 个监测点位的最大产量从 99%降至 98%（仅减少 1%），环境风险显著下降，其中土壤氮残留、硝酸盐淋失和氨挥发分别减少 64%、59%和 59%，因此，理论上可以通过略微牺牲产量而获得较大的环境效益。

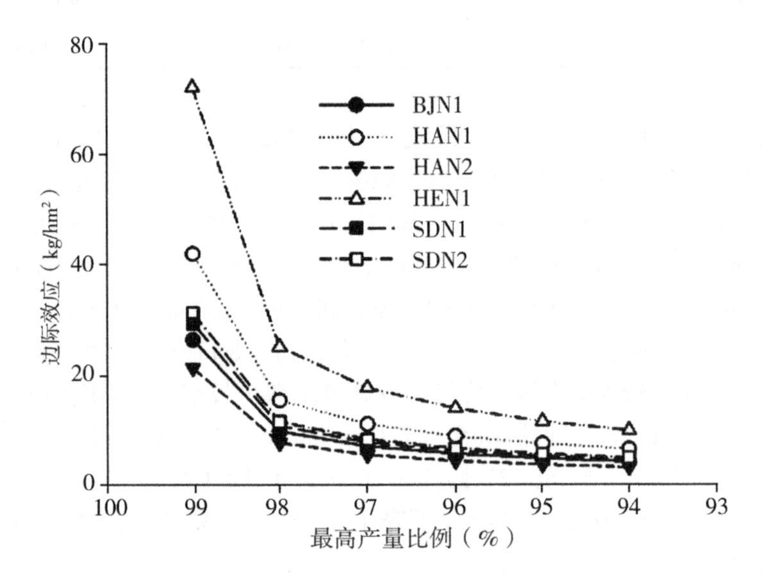

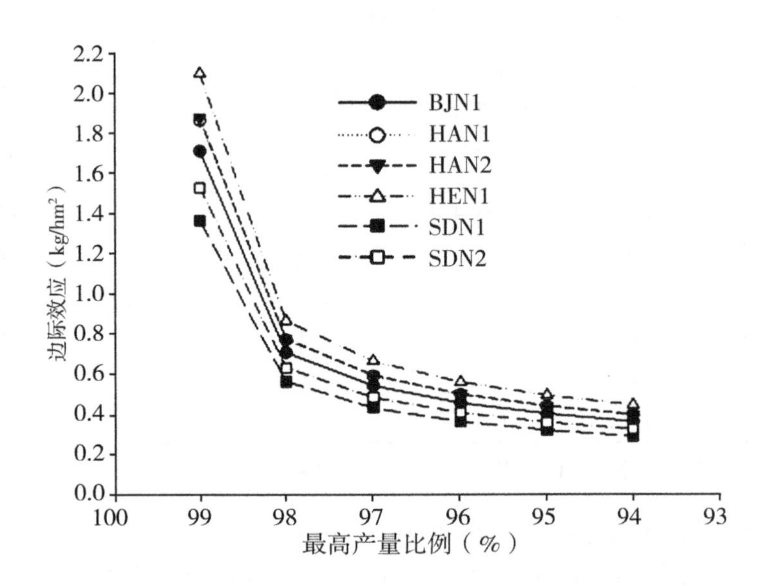

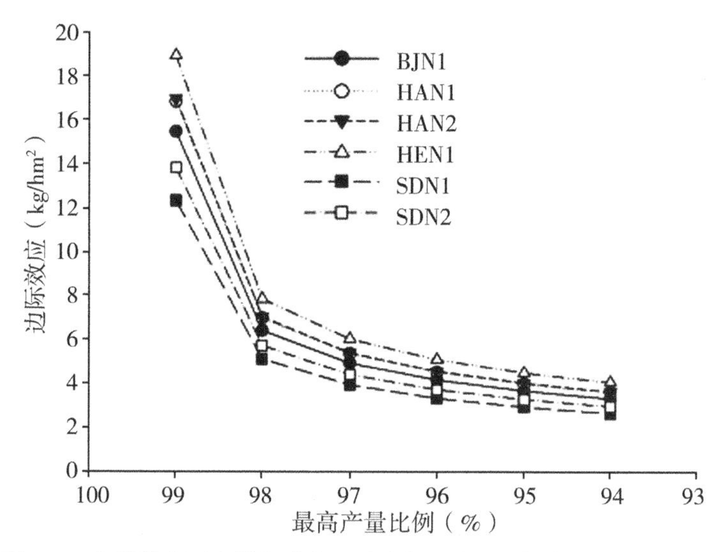

图 6-4　氮肥施用对土壤氮残留、硝态氮淋溶和氨挥发的边际效应影响

（边际效应指产量变化 1%所引起的环境指标变化量）

6.1.3　小麦产量的时空变化

要确定施氮量下降对作物生产的影响，必须考虑小麦产量在时间尺度和空间尺度上的变异。以施氮量 200 kg/hm² 为例，取所有点位该施氮量下（X_i）的产量平均值（$\overline{X}$），然后计算 X_i 和 $\overline{X}$ 之间的差异，以此为不同点位间的产量空间波动率（图 6-5）。2012 年和 2013 年，施氮量 200 kg/hm² 的平均产量分别为（7 234±1 308）kg/hm² 和（7 347±1 418）kg/hm²，两年内各点位间的产量波动率为-23.78%~33.07%，这说明同一区域内不同点位间的产量也存在极大差异，从而导致小麦产量存在极大的空间不确定性。所有实地监测点位中，河南的小麦产量（16.96%~33.07%）显著高于其他地区，而北京小麦产量最低。

此外，年际间的作物产量也存在较大差异，本研究以 BJL2 点位为例，通过实地监测和模型模拟分析了小麦产量在 2008—2022 年的变化（图 6-6）。小麦玉米轮作是 BJL2 周边主要的作物种植模式，2007—2008 年在该点位设置了两个施氮处理（0 和 180 kg N/hm²）用以 DNDC 模型的参数率定和验证。经验证，DNDC 模型可以很好地模拟该地作物产量和硝态氮淋溶（Zhang et al.，2015b），然后利用该模型进行情景分析，获得了 2008—2022 年的小麦产量；模型模拟过程中，2008—2013 年气象数据来自监测点位周边气象站，2014—2022 年的气象数据来源于国家气象局的预测数据。当施氮量为 215 kg/hm² 时，2008—2021 年

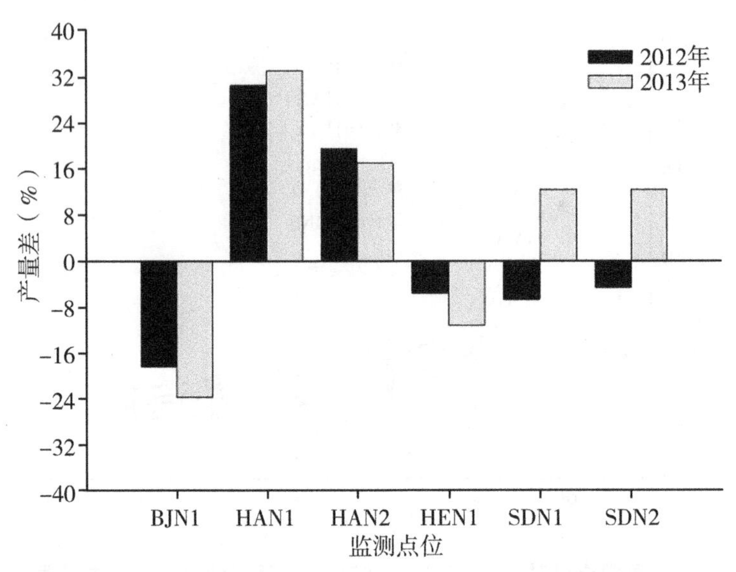

图 6-5　各监测点位施氮量 200 kg/hm² 时的产量差异

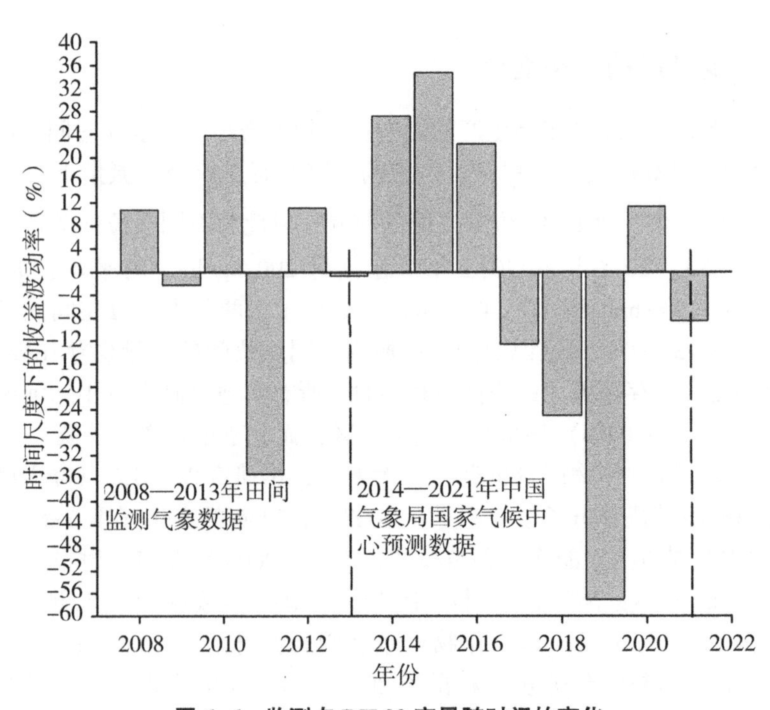

图 6-6　监测点 BJL02 产量随时间的变化

的小麦平均产量为4 609 kg/hm²，产量波动率范围为-57.07%~34.73%，这表明与多年平均产量相比，每年的小麦产量并不稳定，同样也说明了小麦产量具有很大的时间不确定性。

6.1.4　区域氮阈值的确定及其风险评价

通过以上分析可知，华北平原平均氮素投入普遍过量，且同一区域的作物产量也存在较大的时空变异性，相对产量时空变化，上文所述施氮量降低导致的产量轻微减少基本可以忽略，产量下降2%并不会引起区域产量的大幅度波动，但这一变化却能带来显著的环境效益。实际上，在6 000~9 000 kg/hm² 的产量范围内，最大产量的2%在统计学上并不显著，华北平原98%最高产量所对应的施氮量为185 kg/hm²，并且对BJN1、HAN1、HAN2、HEN1、SDN1、SDN2六个点位来说，施氮量185 kg/hm² 与300 kg/hm² 时的产量差异仅为147 kg/hm²、8 kg/hm²、96 kg/hm²、2 kg/hm²、556 kg/hm²、558 kg/hm²，而这些差异在统计学并无显著差异（图6-7）。这表明区域尺度上，田间施氮量为185 kg/hm² 时，作物并没有减产风险。

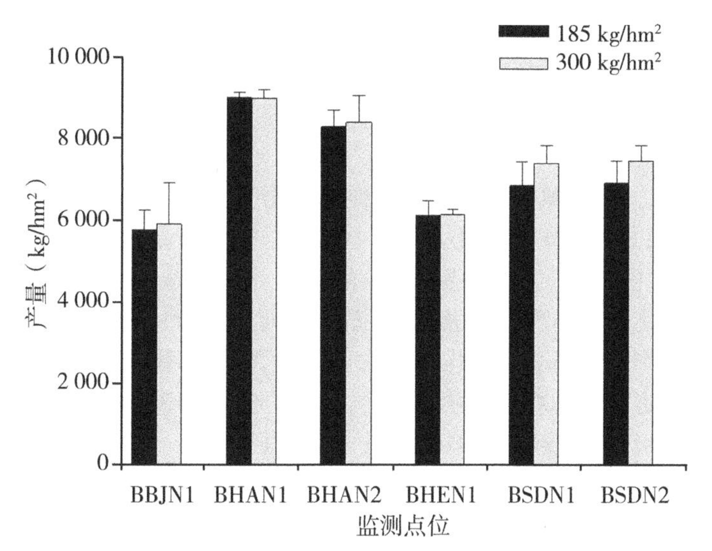

图6-7　区域最佳施氮量（185 kg/hm²）与农民习惯施氮量（300 kg/hm²）的小麦产量对比

6.2 讨论

6.2.1 施氮量对产量的影响

本研究关于施氮量和小麦产量的文献分析结果是可靠的，普遍施氮范围（100~300 kg/hm^2）与 Chen et al.（2014b）（192~283 kg/hm^2，n=40）和 Liu et al.（2011c）（150~300 kg/hm^2，n=595）的研究结果基本一致，小麦主要的产量范围（5 000~9 000 kg/hm^2）也与已有研究的（5 700~9 200 kg/hm^2）结论相似（Chen et al.，2014b）。通常用3种数学函数来表示作物产量随施氮量的变化（线性平台、一元二次和指数方程），多点位一年短期试验（n=154）和单点多年试验（>150年）结果表明，施氮量与产量的关系曲线符合一元二次方程的形式（Sutton et al.，2011a）。本研究也有类似结果，施氮量与产量的关系可用方程 $y=-0.000\,5x^2+0.247\,6x+66.95$ 来表示，当施氮量为247.6 kg/hm^2（x=247.6）时，小麦相对产量达到最高值97.6%（y=97.6）。与本研究施氮量247.6 kg/hm^2 相比，山东省2012—2014年高效灌溉模式下施氮量仅为210 kg/hm^{2}即可使小麦产量达到最高（Wang et al.，2015a），但也有研究表明，两年轮作期间施氮量120~360 kg/hm^2 的小麦产量并无显著差异（Liu et al.，2003a），Li et al.（2016）的研究也证明了施氮量110~330 kg/hm^2 时的作物产量无明显变化。

全球范围内，提高氮肥管理能力对促进作物生产、满足人类需求都是至关重要的（Mueller et al.，2012）。过去五六十年内，中国粮食产量显著增加，报纸上常将其称为“中国奇迹”：用世界上9%的耕地养活了全球22%的人口。肥料特别是氮肥的施用，为实现这一增长发挥了举足轻重的作用（Lassaletta et al.，2014）。氮素对作物的显著增产作用是农民持续大量施用氮肥的主要原因，中国2015年消耗了超过3 300万t的氮肥，占到了全球（3.09亿t）的30%以上（Heffer et al.，2016；Heffer，2016）；许多研究已表明，中国部分地区的氮肥施用量远高于作物需求（Cui et al.，2008b；Fan et al.，2007；Yan et al.，2012）。实际上，一定施氮量范围内，作物产量随着施氮量的增加急剧增加，但高于某一施氮量，产量增加微乎其微，甚至开始下降，因此，根据合理的产量水平和氮素利用能力，确定最佳施氮量是避免农田氮肥过量施用很有必要的（Mueller et al.，2012；Cassman et al.，2003；Li et al.，2012；Zhu et al.，2015）。

6.2.2 施氮量对环境风险的影响

过量的氮素并不能使产量持续增加反而会导致水体和环境污染风险（Cui

et al.,2013a；Cui et al., 2013b；Liu et al., 2003a)，如土壤氮过量累积、氨挥发和硝态氮淋溶等，土壤中累积的过量氮仍具有潜在的环境危害（Fang et al., 2006)，农田氨挥发也会对区域大气环境质量产生负面影响，硝态氮淋溶是导致地下水硝态氮含量超标和地表水富营养化的重要原因（Galloway et al., 2008；Diaz et al., 2008；Keeler et al., 2012)。Gu et al.（2015）之前的研究阐述了华北平原小麦季硝态氮淋溶，2010—2011 年为 4.3~7.6 kg N/hm^2，2011—2012 年为 9.3~14.3 kg N/hm^2，其中硝态氮淋溶量一般占施氮量（90~180 kg/hm^2）的 7.7%，这与 Sebilo et al.（2013b）的研究结果一致，他发现过去 30 年内，施氮量的 8%~12%通过淋溶方式进入了水体。之所以小麦季硝态氮淋溶量较小，主要是因为华北平原降水集中在夏季，而非小麦生长所跨越的冬春季（该季降水仅为全年的 20%）(Zhang et al., 2015b)。

氮肥施用量既关系到产量高低又与环境效益密不可分（Ha et al., 2015)，本研究所示的结果与前人研究不尽相同（Belanger et al., 2000；Cerrato et al., 1990c)，当以最高产量的 94%为目标产量时，土壤无机氮残留、硝态氮淋溶和氨挥发分别下降了 32.13%、45.71%和 63.60%。尽管已有研究指出，降低施氮量可以降低环境污染风险（Ju et al., 2009)，但本研究进一步揭示了较小的产量代价可以换取大幅度的环境效益，这一结果可与 Chen et al.,（2014b）研究结果相互呼应：基于作物生态生理学和土壤生物地球化学理论的集约化土壤—作物综合系统管理可以在不增加氮肥施用量的情况下维持甚至提高作物产量。

6.2.3　产量的时空波动

由于存在氮肥后茬残效，而区域间施氮不均匀，因此作物产量也具有较大的区域差异（Liu et al., 2011c)，本研究也表明，华北平原 6 个监测点位的作物产量波动幅度很大（-23.78%~33.07%)，小麦产量空间变异的原因可能与降水、光合有效辐射和温度等综合因素有关（Wu et al., 2006)，另一项全球范围内的研究也表明，世界各地产量差异主要取决于化肥的使用、灌溉和气候等因素(Mueller et al., 2012)。此外，基于 DNDC 模型的情景分析结果显示，同一点位几十年时间尺度上的小麦产量波动率为 -57.07%~34.73%。很多研究也得到了类似结果，即使相同施氮条件下，年际间的产量也存在显著差异（Zhang et al., 2015b；Wiedenfeld et al., 2008；Xu et al., 2015)，产量的年际波动，与包括降水和温度在内的气象条件及其随时间的变化有关（Zhang et al., 2016；Wang et al.,2015c)，作物高产的最佳降水条件是每年的降水既不多（洪涝）也不少（干旱）(Guo et al., 2012；Wang et al., 2010a)，而一定程度上，最佳降水量只是一种美好的期望。

6.2.4 区域最佳施氮量

根据本研究结果，达到最高产量98%的施氮量185 kg/hm^{2}可作为是区域最佳氮肥管理基础值，这与集约化土壤—作物综合管理系统（小麦、玉米和水稻3种主要粮食作物实时养分管理）所推荐的220 kg/hm^{2}非常接近，该管理系统与常见的作物管理模式完全不同，其年际间的管理措施可能完全不同，必须根据当年气象、适种作物、播种日期、种植密度及其他因素综合考虑（Chen et al.，2014b）。所确定的施氮量185 kg/hm^{2}远低于华北平原农户习惯施氮量325 kg/hm^2（n=121）（Ju et al.，2009）和300 kg/hm^2（Lu et al.，2015）。

2013年，农业部发布了小麦、玉米和水稻三大粮食作物区域施肥大配方及施肥建议，这一建议下的小麦产量在5 630~ 9 000 kg/hm^2，这与本研究结果（6 000~9 000 kg/hm^2）（表6-3）吻合，产量水平7 130~9 000 kg/hm^{2}的推荐施氮量为179~228 kg/hm^2，这与本研究所确定的185 kg/hm^{2}基本一致，因此，本研究将施氮量185 kg/hm^{2}视为华北平原区域最佳施氮量。

表6-3 2013年农业部针对华北平原不同产量水平小麦的推荐施氮量

产量水平（kg/hm^2）	最低施氮量（kg/hm^2）	最高施氮量（kg/hm^2）
<5 630	106	141
5 630~7 130	141	179
7 130~9 000	179	228
>9 000	228	266

由于过量施氮导致的全国范围内水体污染已成为阻碍中国农业可持续发展的重要因素（Qu et al.，2015）。为了统一区域氮肥施用量并确定合理推荐量，首先确定短期内适宜用量以降低施氮量，然后再制定实现环境优化的具体措施。考虑到农业生产的特殊性，我们建议在保持粮食产量稳定的情况下分两个阶段减少氮肥施用，短期目标是在不影响产量的同时少量减少施氮量，尽管这种方法可能牺牲一些环境效益。长期目标是通过施用有机肥或秸秆还田（Lin et al.，2015；Kato et al.，2011）、水肥一体化管理（Wang et al.，2010b）等方法显著降低施氮量水，同时小麦高产和低环境排放。

6.3 结论

氮肥施用量的增加提高了粮食产量，为满足全球人口粮食需求做出了突出贡献。本研究发现，华北平原施氮量与作物相对产量之间的关系符合曲线为 $y=-0.0005x^2+0.2476x+66.95$（$R^2=0.53$），当施氮量为 247.6 kg/hm²（$x=247.6$）时，小麦相对产量最大，可达到最高产量的 97.6%（7 203 kg/hm²）。环境效益分析表明，产量降至最高产量的 98%时，区域尺度上施氮量、土壤氮残留量、硝态氮淋溶量和氨挥发量将分别下降 25.25%、20.17%、27.89%和 38.80%。此外，2%的产量变化在 6 000~9 000 kg/hm² 范围内并无显著地统计学意义，因此获得 98%最高产量并不会导致区域范围内明显的产量下降。

实地监测和模型模拟证明了小麦产量具有显著的时空变异性，其中 6 个点位的监测结果发现，2012—2013 年施氮量 200 kg/hm² 时的平均产量分别为 7 234 kg/hm²和 7 347 kg/hm²，产量波动率范围为 −23.78%~33.07%；模型模拟结果发现，2008—2022 年小麦产量波动率为−57.07%~34.73%，这进一步说明了 2%的产量变化所引起的施氮量下降并不会造成区域范围大幅度减产，却能显著降低环境风险。

此外，华北平原 98%最高产量所对应的施氮量为 185 kg/hm²，对 BJN1、HAN1、HAN2、HEN1、SDN1、SDN2 六个点位来说，施氮量 185 kg/hm² 与 300 kg/hm²时的产量差异仅为 147 kg/hm²、8 kg/hm²、96 kg/hm²、2 kg/hm²、556 kg/hm²、558 kg/hm²，并无显著的统计学差异。因此，可将最高产量 98%所对应的施氮量（185 kg/hm²）确定为华北平原区域最佳施氮量，以此为基本调控值进行区域氮素管理，这一施氮量也符合农业农村部所推荐的小麦适宜施氮量。

7 研究展望
——基于环境效应指标确定农田最大允许施氮量

华北平原是我国重要的粮食产区，近年来农民盲目追求高产而导致过量施氮和不合理施氮问题严重（Ju et al., 2009; Lu et al., 2015），但过量的氮肥投入并未使作物产量进一步增加，其增产效果反而有所下降，并且土壤肥力和农田环境均受到一定的负面影响（张福锁等，2008；朱兆良等，2010），氮肥利用率也随施氮量的过量施用而大幅下降。2013 年农业部《中国三大粮食作物肥料利用率研究报告》显示，目前我国粮食作物氮肥当季利用率为 33%，已经进入国际公认的适宜范围，但仍然处于较低水平，且后效很低。未被吸收的氮素在农田中大量盈余，一部分被土壤固持而残留在土壤中；一部分以淋失或径流的形式流失出根区或农田，甚至进入地下水或河流湖泊；一部分以氨或氮氧化物的形式进入大气，造成空气污染或温室效应；其中进入水体和大气的氮素导致了一系列严重的环境问题（Mishima et al., 2007）。相对于氮素的径流和气态损失，农田氮素淋失发生在表土以下甚至深层土壤中，因而氮素一旦淋失出根区，作物根系就无法吸收，同时目前尚无阻止深层土壤氮素向下迁移的有效措施，换言之，只要有足够的水分输入，淋失出根区的氮素就会对地下水造成极大的污染风险。

《全国地下水污染防治规划（2011—2012）》指出，我国北方地下水污染严重，其中氮肥过量施用造成农区地下水“三氮”污染突出。研究表明，华北平原集约化农田地下水硝酸盐含量严重超标（Zhang et al., 1996），以硝态氮含量 20 mg/L（地下Ⅲ类水）为衡量标准，超标率达 17%~33%（许晶玉，2011；刘宏斌等，2006），而氮肥过量施用导致的氮素大量淋失进入地下水是硝酸盐超标的直接原因。解决氮素淋失问题可以从源头控制、过程阻断、终端处理 3 个途径入手，而氮素淋失发生在地表以下，淋失过程难以逆转，并且地下水污染后的治理难度相当大。因此，降低氮素淋失风险的最佳阶段应该明确在源头控制上，其中，明确造成地下水污染的农田作物施氮上限临界值（施氮阈值）是从源头上遏制氮素大量淋失的最有效方法之一。

针对平原旱地农田氮素流失以淋溶为主的特点，为了可最大限度地防止氮淋溶引起的地下水硝酸盐超标，用《地下水质量标准》（GB/T 14848—2017）衡量作物根区淋失出的水分水质；在不首先考虑产量高低的基础上，只要保证淋失出作物根区的硝态氮含量不超过《地下水质量标准》（GB/T 14848—2017）的规定，那么地下水硝酸盐污染的祸首就不能归咎于农田氮淋溶。而农田水分和氮素淋溶均受多种因素影响、监测难度较大，只要建立合理的农田淋溶监测方法，以《地下水质量标准》（GB/T 14848—2017）为依据计算出硝态氮含量不超标时的淋失氮量，就可以进一步通过施氮量—硝态氮淋失量响应曲线确定硝态氮超标临界施氮量，即农田最大允许施氮量，然后再评估其是否存在减产风险，若存在减产风险则制定针对性的管理措施，这一思路可以有效补充传统推荐施氮方法以考虑农学效应为主的特点，为我国从环境角度考量化肥减量决策提供理论依据。

7.1 研究思路

通过大型渗漏池原位监测，分析氮肥施用对淋失的影响，阐明氮素淋失发生特征，识别年度淋失关键时期，明确农田允许的最大硝态氮淋失量，进而提出基于氮淋失控制的施氮阈值总量；通过人工模拟降雨识别单次淋失关键因子，明确淋失风险发生条件；利用 DNDC 评价氮阈值的产量风险和淋失风险并探索风险应对策略，在淋失高发期限制施氮的基础上，制定符合作物生长需求的氮阈值总量分次施用方案。

7.2 技术路线

以我国华北地区春玉米为研究对象，为解决氮素过量施用造成的氮素淋失以及地下水硝态氮超标问题，依托大型渗漏池原位监测，结合 DNDC 模型模拟和人工模拟降雨，在阐明农田水分和氮素淋失特征的基础上，根据水分淋失通量和水质标准确定农田允许最大硝态氮淋失量，再根据氮素淋失效应曲线划定施氮阈值控制总量；然后通过明确淋失发生关键时期和关键影响因子从而确定淋失风险发生条件，利用 DNDC 评价探索相应的风险应对策略，在淋失风险高发期避免施氮的基础上，明确氮阈值总量在作物生育期间的分次施用时期及施用方式。技术路线如图 7-1 所示。

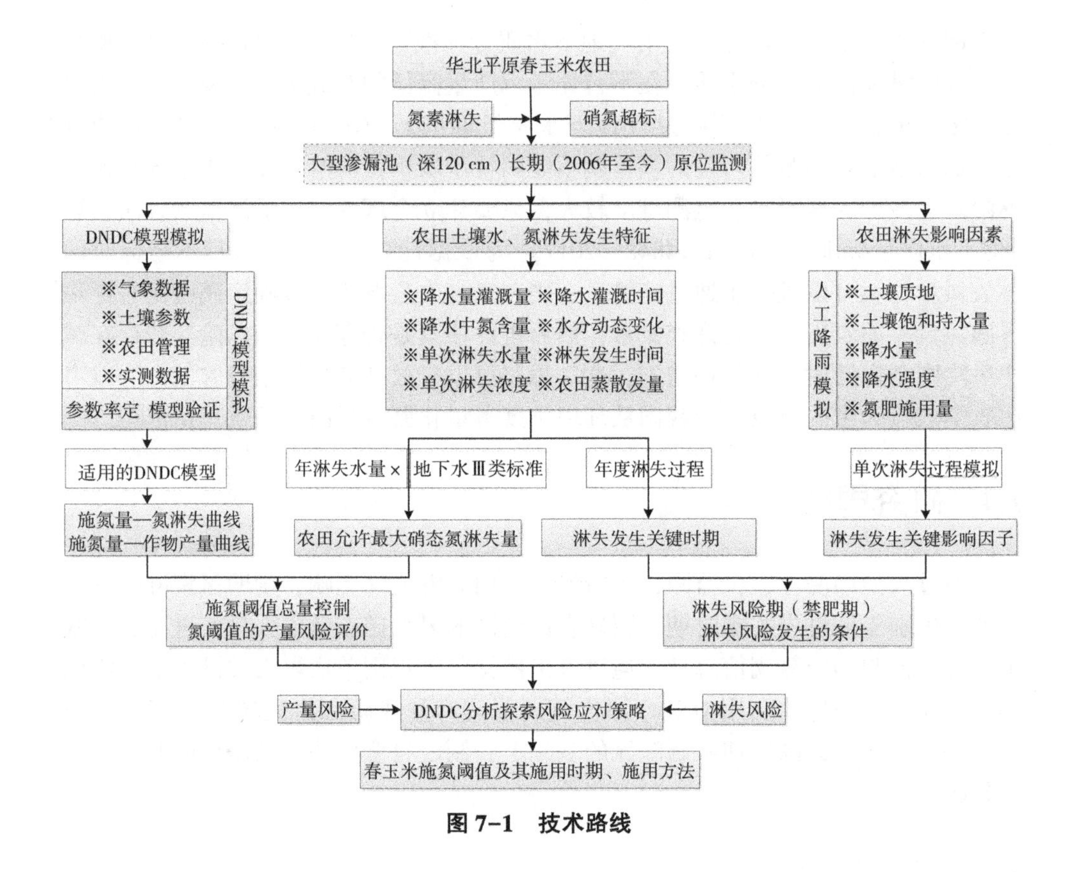

图 7–1　技术路线

7.3　实施方案

7.3.1　农田水、氮淋失发生特征及农田允许最大硝态氮淋失量的确定

7.3.1.1　研究内容

依托“农业部昌平潮褐土生态环境重点野外科学观测试验站”的研究平台，以华北平原春玉米农田为研究对象，利用2006年建设并监测运行至今的大型渗漏池原位监测装置开展研究。通过野外小型气象站记录每日气象情况，采用大型渗漏池（深120 cm）长期定位监测阐明不同降水年型的农田淋失发生特征，根据水分淋失通量和地下水质量标准计算农田允许最大硝态氮淋失量，根据农田水分动态变化及平衡识别氮素淋失发生关键时期。

7.3.1.2 试验设计

设置3个施氮处理，包括1个对照处理和2个氮肥用量处理（N用量分别为：0 kg N/hm^2、120 kg N/hm^2、240 kg N/hm^2），每个处理3次重复，随机区组排列，占用9个渗漏池。渗漏池内埋设时域反射仪（TDR）监测土壤水分，利用自制微型蒸渗仪测定土壤棵间蒸发并计算田间蒸发蒸腾量。作物生育期间，记录每次降水量、灌溉量、淋失发生时间、淋失水量，同时采集各类水样并测定其中氮浓度，作物收获后采集植株样并测定作物产量。

渗漏池于2006年建设，在土体稳定后的2007年开始作物种植，对照处理不施氮肥，只施磷、钾肥，各处理磷（120 kg P_2O_5/hm^2）、钾肥（180 kg K_2O/hm^2）用量相等，氮肥分两次等量施用，50%的氮肥与全部磷钾肥做基肥施用，50%在玉米拔节期施用。春玉米每年5月初播种，10月初收获。已建成的大型渗漏池规格及建设过程：每个渗漏池的长、宽、高规格为2 m×1 m×1.2 m，渗漏池四周及底部均由混凝土包围而成。渗漏池建设前，先将农田土壤按不同层次分别挖出混匀，混凝土结构建成后，池底铺石英砂颗粒，其上再铺一层石棉布，以便过滤淋滤液中土壤颗粒，50 cm和120 cm处均安装PVC管并外接集液桶承接渗漏水，在渗漏池侧下部修筑高2 m的地下监测室以便渗漏水取样与监测，然后将各层土壤按顺序回填，该过程中要注意将PVC管位置摆放正确，待土体稳定后地上部分可种植作物。

7.3.2 基于DNDC模型的农田施氮阈值总量控制及其产量风险评价

7.3.2.1 研究内容

以大型渗漏池长期定位监测为基础，利用当地气象、土壤数据以及作物产量和氮素淋失监测结果，通过参数率定、模型验证等建立适用于作物产量和硝态氮淋失模拟的DNDC模型，进而建立施氮量—氮淋失效应曲线和施氮量—产量效应曲线，根据上述研究中得到的农田允许最大硝态氮淋失量，明确农田施氮阈值控制总量，并评价该阈值是否存在产量风险。

7.3.2.2 试验设计

以渗漏池原位监测为基础，收集相关气象数据、测定相应土壤参数，根据不同施氮量（0 kg/hm^2、120 kg/hm^2、240 kg/hm^2）下的作物产量和氮淋失量监测结果，通过参数率定、模型验证等建立适用于作物产量和硝态氮淋失模拟的DNDC模型，进而明确施氮量—氮淋失效应曲线和施氮量—产量效应曲线，根据上述研究中得到的农田允许最大硝态氮淋失量，确定农田施氮阈值控制总量，并评价该阈值是否存在产量风险。

7.3.2.3 适用性 DNDC 模型的建立

（1）模型基础数据的收集与整理

土壤数据。确定土壤类型，测定土壤属性数据：土壤容重 g/cm^3、有机质含量、机械组成［黏粒（%）、粉砂（%）、砂粒（%）、砾石含量（%）］、电导率、田间持水量、pH 值、萎蔫点系数等。

农田管理。记录耕作时间、耕作深度、施肥时间、施肥方式、播种时间、品种、播种方式、密度，灌溉时间、灌溉量，收获时间、籽粒产量、秸秆产量等。

气象数据。气象站点地理坐标、日降水量、日最高气温和最低气温、太阳辐射量（或日照时数）、日相对湿度、日平均风速。气象数据通过小型气象站进行监测获取。

（2）模型验证与应用分析

建立模型数据库。根据收集的资料，建立包括气象、土地利用、土壤、作物参数、管理措施等信息的模型数据库。

模型的参数率定与适用性验证。根据建立的模型数据库，利用其中一个处理（120 kg N/hm^2）的作物产量、土壤水分和氮素淋失监测结果，对 DNDC 模型相关参数进行率定，然后利用其他两个处理验证所率定参数的准确性，明确 DNDC 模型模拟产量和氮素淋失的能力。

模型应用分析。适用性模型建立后，设置不同的施氮量情景，明确作物产量和氮素淋失通量随施氮量的变化，建立施氮量—氮淋失效应曲线和施氮量—产量效应曲线，根据农田允许最大硝态氮淋失量明确施氮阈值控制总量；然后，通过设置不同的农田管理方案并对比其应用效果，探索可同时减少产量风险和淋失风险的最佳农田管理措施。

7.3.3 氮阈值总量分次施用方案及环境风险适应性评价

7.3.3.1 研究内容

通过人工模拟降雨重现氮素淋失过程，在模拟土体的各个土层设置承接水口，以监测点位农田土壤为对照，选择沙土、壤土、黏土等不同质地的土壤，设置不同降水量、降水强度、降水时间、施氮量等因素，观测并记录每次淋失发生时期、发生层次、持续时间、淋失水量、淋失氮量等，阐明单次淋失关键因子，明确产生淋失风险的具体条件，并利用 DNDC 模型探索风险应对策略，确定禁肥期，完善氮阈值总量在作物生育期间的分次施用时期及施用方式。

7.3.3.2 试验设计

通过人工降雨模拟氮素淋失过程，以试验地土壤为对照，再选择不同质地

（沙土、壤土、黏土）的土壤，设置土体高度 120 cm，组装 4 组淋失模拟装置（图 7-2），设置施氮量为 0 kg/hm^2 和 240 kg/hm^2，根据历史气象数据筛选出具有代表性的单次降水量、降水强度等作为参考，设计不同的降水量、降水强度分别实施人工降雨，人工模拟降雨器由带有许多小喷头的活动喷管构成，模拟过程中，不同的模拟雨强、雨量和持续时间由仪器供水装置的稳压箱水头、水表和阀门的开启来控制，当模拟土体所有出水口均无水渗出时试验结束。

模拟试验在每年 7 月和 8 月晴天的 9:00—17:00 进行。模拟装置安装之前，测定各类土壤各土层容重和田间饱和持水量，试验过程中，观测并记录每次淋失发生时期、发生层次、持续时间、淋失水量等，同时采集降水水样、各层淋失水样并测定氮浓度，探讨土壤类型、降水量、降水强度、施氮量等因素对氮素淋失的影响，明确淋失风险发生的主要条件，利用 DNDC 模型探索风险应对策略，并识别出淋失风险高发期禁止施肥，从而完善氮阈值总量在作物生育期间的分次施用。

7.3.3.3 人工模拟降雨装置填装

人工降雨模拟氮素淋失装置（图 7-2，专利号：CN201465405U）由盛土箱体、可移动支架和供水装置组成，盛土将盛土箱体按各个卡槽位置放置在可移动金属支架上，搬下滑轮上的固定钳确保整个装置固定。将直径不超过 5 mm 的石英砂用 5%稀酸浸泡 12 h 并用蒸馏水冲洗 3 次晾干后铺在箱体底部，并使石英砂表面与侧渗槽地面持平，在上面铺设网孔径小于 0.5 mm 的尼龙纱网。选择不同质地土壤的农田，按 0~30 cm、30~60 cm、60~90 cm 和 90~120 cm 分层采集土壤，并测定各层土壤的容重，从而计算各层模拟土体所需土壤用量，将各层土壤分别混匀除杂后再分层装盛在土箱体中，每装 10 cm，适当向下压紧，并保持模拟土体容重与农田基本一致，该过程可适当喷水，但不能产生侧下渗水，装填后静止几日使箱体土壤状态稳定。供水装置由带有许多小喷头的活动喷管组成，雨强、雨量和持续时间由供水装置的稳压箱水头、水表和阀门的开启来控制。

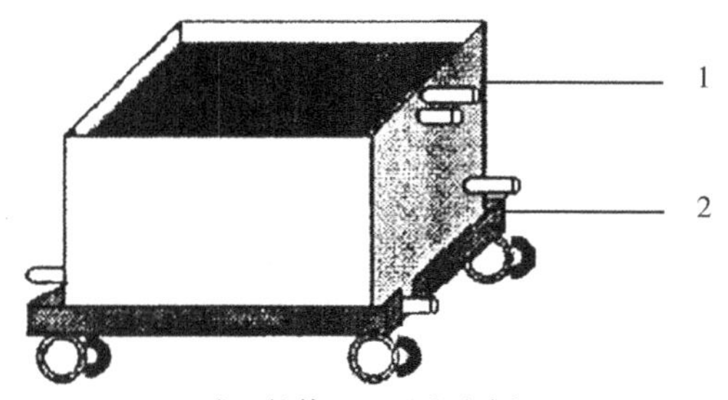

1. 盛土箱体；2. 可移动支架

图 7-2 人工降雨模拟氮素淋失装置

参考文献

蔡祖聪，颜晓元，朱兆良，2014. 立足于解决高投入条件下的氮污染问题[J]. 植物营养与肥料学报，20（1）：1-6.

陈防，张过师，2015. 农业可持续发展中的“4R”养分管理研究进展[J]. 中国农学通报，31（23）：245-250.

郭天财，宋晓，冯伟，等，2008. 高产麦田氮素利用、氮平衡及适宜施氮量[J]. 作物学报，34（5）：886-892.

何萍，金继运，PAMPOLINO M F，et al.，2012. 基于作物产量反应和农学效率的推荐施肥方法[J]. 植物营养与肥料学报，18（2）：499-505.

巨晓棠，2015. 理论施氮量的改进及验证——兼论确定作物氮肥推荐量的方法[J]. 土壤学报，52（2）：249-261.

巨晓棠，谷保静，2014. 我国农田氮肥施用现状、问题及趋势[J]. 植物营养与肥料学报，20（4）：783-795.

刘宏斌，李志宏，张云贵，等，2006. 北京平原农区地下水硝态氮污染状况及其影响因素研究[J]. 土壤学报，43（3）：405-413.

刘宏斌，邹国元，范先鹏，等，2015. 农田面源污染监测方法与实践[M]. 北京：科学出版社.

许晶玉，2011. 山东省种植区地下水硝态氮污染空间变异及分布规律研究[D]. 长沙：中南大学.

张福锁，陈新平，陈清，2009. 中国主要作物施肥指南[M]. 北京：中国农业大学出版社.

张福锁，王激清，张卫峰，等，2008. 中国主要粮食作物肥料利用率现状与提高途径[J]. 土壤学报，45（5）：915-924.

张亦涛，王洪媛，刘宏斌，等，2016. 基于大型渗漏池监测的褐潮土农田水、氮淋失特征研究[J]. 中国农业科学，49（1）：110-119.

朱兆良，2006. 推荐氮肥适宜施用量的方法论刍议[J]. 植物营养与肥料学报，12（1）：1-4.

朱兆良，2008. 中国土壤氮素研究［J］. 土壤学报，45（5）：778-783.

朱兆良，张福锁，2010. 主要农田生态系统氮素行为与氮素高效利用的基础研究［M］. 北京：科学出版社.

ABBASI M K，TAHIR M M，SADIQ A，et al.，2012. Yield and nitrogen use efficiency of rainfed maize response to splitting and nitrogen rates in Kashmir, Pakistan［J］. Agronomy Journal，104（2）：448-457.

ADVIENTO - BORBE M A，PITTELKOW C M，ANDERS M，et al.，2013. Optimal fertilizer nitrogen rates and yield-scaled global warming potential in drill Seeded Rice［J］. Journal of Environmental Quality，42（6）：1 623-1 634.

AHMED K K M，GUPTA B M，2013. India's contribution on antioxidants：a bibliometric analysis［J］. Scientometrics，94（2）：741-754.

ALMEIDA-FILHO N，KAWACHI I，PELLEGRINI A，et al.，2003. Research on health inequalities in Latin America and the Caribbean：Bibliometric analysis（1971—2000）and descriptive content analysis（1971—1995）［J］. American Journal of Public Health，93（12）：2 037-2 043.

ALVAREZ J E C，FERNANDEZ M I E，GUERRERO A P，1996. Bibliometric analysis of the Spanish research on endocrinology，1974—1994［J］. Journal of Physiology-London，493：S123-S123.

ARMOUR J D，NELSON P N，DANIELLS J W，et al.，2013. Nitrogen leaching from the root zone of sugarcane and bananas in the humid tropics of Australia［J］. Agriculture Ecosystems & Environment，180，68-78.

ASGEDOM H，KEBREAB E，2011. Beneficial management practices and mitigation of greenhouse gas emissions in the agriculture of the Canadian Prairie：a review［J］. Agronomy for Sustainable Development，31：433-451.

ASIM M，AKMAL M，KHATTAK R A，2013. maize response to yield and yield traits with different nitrogen and density under climate variability［J］. Journal of Plant Nutrition，36：179-191.

BABCOCK B A，1992. The effects of uncertainty on optimal nitrogen applications［J］. Review of Agricultural Economics，271-280.

BASSO B，DUMONT B，CAMMARANO D，et al.，2016. Environmental and economic benefits of variable rate nitrogen fertilization in a nitrate vulnerable zone［J］. Science of the Total Environment，545：227-235.

BASSO B，RITCHIE J T，CAMMARANO D，et al.，2011. A strategic and tactical management approach to select optimal N fertilizer rates for wheat in a spatially variable field [J]. European Journal of Agronomy, 35: 215-222.

BAZAYA B R, SEN A, SRIVASTAVA V K, 2009. Planting methods and nitrogen effects on crop yield and soil quality under direct seeded rice in the Indo-Gangetic plains of eastern India [J]. Soil & Tillage Research, 105: 27-32.

BEATY E R, ETHREDGE W J, BROWN R H, et al., 1963. Effect of nitrogen rate and clipping frequency on yield of Pensacola Bahiagrass [J]. Agronomy Journal, 55: 3.

BELANGER G, WALSH J R, RICHARDS J E, et al., 2000. Comparison of three statistical models describing potato yield response to nitrogen fertilizer [J]. Agronomy Journal, 92: 902-908.

BERGKVIST G, STENBERG M, WETTERLIND J, et al., 2011. Clover cover crops under-sown in winter wheat increase yield of subsequent spring barley-Effect of N dose and companion grass [J]. Field Crops Research, 120: 292-298.

BERNTSEN J, HAUGGARD-NIELSEN H, OLESEN J E, et al., 2004. Modelling dry matter production and resource use in intercrops of pea and barley [J]. Field Crops Research, 88: 69-83.

BETENCOURT E, DUPUTEL M, COLOMB B, et al., 2012. Intercropping promotes the ability of durum wheat and chickpea to increase rhizosphere phosphorus availability in a low P soil [J]. Soil Biology & Biochemistry, 46: 181-190.

BLUMENBERG M, BERNDMEYER C, MOROS M, et al., 2013.Bacteriohopanepolyols record stratification, nitrogen fixation and other biogeochemical perturbations in Holocene sediments of the central Baltic Sea [J]. Biogeosciences, 10: 2 725-2 735.

CAI Z C, 2012. Greenhouse gas budget for terrestrial ecosystems in China [J]. Science China-Earth Sciences, 55: 173-182.

CAI Z C, QIN S W, 2006. Dynamics of crop yields and soil organic carbon in a long-term fertilization experiment in the Huang-Huai-Hai Plain of China [J]. Geoderma, 136, 708-715.

CALVO N I R, ROZAS H S, ECHEVERRIA H, et al., 2015. Using canopy indices to quantify the economic optimum nitrogen rate in spring wheat [J]. Agronomy Journal, 107: 459-465.

CAMERON K C, DI H J, MOIR J L, 2013. Nitrogen losses from the soil/plant system: a review [J]. Annals of Applied Biology, 162: 145-173.

CARPENTER S R, CARACO N F, CORRELL D L, et al., 1998. Nonpoint pollution of surface waters with phosphorus and nitrogen [J]. Ecological Applications, 8 (3), 559-568.

CASSMAN K G, DOBERMANN A, WALTERS D T, et al., 2003. Meeting cereal demand while protecting natural resources and improving environmental quality [J]. Annual Review of Environment and Resources, 28 (1): 315-358.

CAVIGLIA O P, SADRAS V O, ANDRADE F H, 2011. Yield and quality of wheat and soybean in sole-and double-cropping [J]. Agronomy Journal, 103 (4): 1 081-1 089.

CERRATO M, BLACKMER A, 1990. Comparison of models for describing corn yield response to nitrogen fertilizer [J]. Agronomy Journal, 82 (1): 138-143.

CHEN H X, ZHAO Y, FENG H, et al., 2015. Assessment of climate change impacts on soil organic carbon and crop yield based on long-term fertilization applications in Loess Plateau, China [J]. Plant and Soil, 390 (1-2): 401-417.

CHEN X P, CUI Z L, FAN M S, et al., 2014. Producing more grain with lower environmental costs [J]. Nature, 514: 486-489.

CHEN X P, CUI Z L, VITOUSEK P M, et al., 2011. Integrated soil-crop system management for food security [J]. Proceedings of the National Academy of Sciences of the United States of America, 108 (16), 6 399-6 404.

CHE S G, ZHAO B Q, LI Y T, et al., 2015. Review grain yield and nitrogen use efficiency in rice production regions in China [J]. Journal of Integrative Agriculture, 14 (12): 2 456-2 466.

CONSTANTIN J, MARY B, LAURENT F, et al., 2010. Effects of catch crops, no till and reduced nitrogen fertilization on nitrogen leaching and balance in three long-term experiments [J]. Agriculture, ecosystems & environment, 135 (4): 268-278.

CORRE-HELLOU G, FAURE M, LAUNAY M, et al., 2009. Adaptation of the STICS intercrop model to simulate crop growth and N accumulation in pea-barley intercrops [J]. Field Crops Research, 113 (1): 72-81.

CORRE-HELLOU G, FUSTEC J, CROZAT Y, 2006. Interspecific competition for soil N and its interaction with N-2 fixation, leaf expansion and crop growth in pea-barley intercrops [J]. Plant and Soil, 282 (1-2), 195-208.

CUI Z L, CHEN X P, MIAO Y X, et al., 2008a. On-farm evaluation of the improved soil N (min) -based nitrogen management for summermaize in North China Plain [J]. Agronomy Journal, 100 (3): 517-525.

CUI Z L, CHEN X P, ZHANG F S, 2010. Current nitrogen management status and measures to improve the intensive wheat-maize system in China [J]. Ambio, 39 (5-6): 376-384.

CUI Z L, CHEN X P, ZHANG F S, 2013a. Development of regional nitrogen rate guidelines for intensive cropping systems in China [J]. Agronomy Journal, 105 (5): 1 411-1 416.

CUI Z L, YUE S C, WANG G L, et al., 2013b. In-season root-zone n management for mitigating greenhouse gas emission and reactive N losses in intensive wheat production [J]. Environmental Science & Technology, 47 (11): 6 015-6 022.

CUI Z L, ZHANG F S, CHEN X P, et al., 2008b. On-farm evaluation of an in-season nitrogen management strategy based on soil N-min test [J]. Field Crops Research, 105 (1): 48-55.

DAI J, WANG Z H, LI M H, et al., 2016. Winter wheat grain yield and summer nitrate leaching: Long-term effects of nitrogen and phosphorus rates on the Loess Plateau of China [J]. Field Crops Research, 196: 180-190.

DAI X Q, OUYANG Z, LI Y S, et al. , 2013. Variation in yield gap induced by nitrogen, phosphorus and potassium fertilizer in North China Plain [J]. Plos One, 8.

DEBAEKE P, CAUSSANEL J P, KINIRY J R, et al., 1997. Modelling crop: weed interactions in wheat with ALMANAC [J]. Weed Research, 37: 325-341.

DENG J, ZHOU Z X, ZHENG X H, et al., 2013. Modeling impacts of fertilization alternatives on nitrous oxide and nitric oxide emissions from conventional vegetable fields in southeastern China [J]. Atmospheric Environment, 81, 642-650.

DENG J, ZHOU Z, ZHU B, et al., 2011. Modeling nitrogen loading in a small watershed in southwest China using a DNDC model with hydrological enhancements [J]. Biogeosciences, 8: 6 383-6 413.

DIAZ R J, ROSENBERG R, 2008. Spreading dead zones and consequences for marine ecosystems [J]. Science, 321: 926-929.

DI H J, CAMERON K C, 2002. Nitrate leaching in temperateagroecosystems: sources, factors and mitigating strategies [J]. Nutrient Cycling in Agroecosystems, 64, 237-256.

DI H J, CAMERON K C, MOORE S, et al., 1998. Nitrate leaching and pasture yields following the application of dairy shed effluent or ammonium fertilizer under spray or flood irrigation: results of a lysimeter study [J]. Soil Use and Management, 14, 209-214.

DUAN Y H, XU M G, GAO S D, et al., 2014. Nitrogen use efficiency in awheat-corn cropping system from 15 years of manure and fertilizer applications [J]. Field Crops Research, 157: 47-56.

ERISMAN J W, SUTTON M A, GALLOWAY J, et al., 2008. How a century of ammonia synthesis changed the world [J]. Nature Geoscience: 1 636-1 639.

ESFAHANI M, ABBASI H R A, RABIEI B, et al., 2008. Improvement of nitrogen management in rice paddy fields using chlorophyll meter (SPAD) [J]. Paddy and Water Environment, 6, 181-188.

FAN F, ZHANG F, SONG Y, et al., 2006. Nitrogen fixation offaba bean (Vicia faba L.) interacting with a non-legume in two contrasting intercropping systems [J]. Plant and Soil, 283: 275-286.

FANG Q X, YU Q, WANG E L, et al., 2006. Soil nitrate accumulation, leaching and crop nitrogen use as influenced by fertilization and irrigation in an intensive wheat-maize double cropping system in the North China Plain [J]. Plant and Soil, 284: 335-350.

FAN M S, LU S H, JIANG R F, et al., 2007. Nitrogen input, N-15 balance and mineral N dynamics in a rice-wheat rotation in southwest China [J]. Nutrient Cycling in Agroecosystems, 79: 255-265.

FEIKE T, CHEN Q, GRAEFF-HONNINGER S, et al., 2010. Farmer-developed vegetable intercropping systems in southern Hebei, China [J]. Renewable Agriculture and Food Systems, 25: 272-280.

FEIKE T, DOLUSCHITZ R, CHEN Q, et al., 2012. How to overcome the slow death of intercropping in the North China Plain [J]. Sustainability, 4:

2 550-2 565.

FEINERMAN E, CHOI E K, JOHNSON S R, 1990. Uncertainty and split nitrogen application in corn production [J]. American Journal of Agricultural Economics, 72: 975-985.

FOWLER D, COYLE M, SKIBA U, et al., 2013. The global nitrogen cycle in the twenty-first century [J]. Philosophical Transactions of the Royal Society B-Biological Sciences, 368: 1-13.

GALLOWAY J N, ABER J D, ERISMAN J W, et al., 2003. The nitrogen cascade [J]. Bioscience, 53, 341-356.

GALLOWAY J N, TOWNSEND A R, ERISMAN J W, et al., 2008.Transformation of the nitrogen cycle: recent trends, questions, and potential solutions [J]. Science, 320: 889-892.

GENG J B, CHEN J Q, SUN Y B, et al., 2016. Controlled Release Urea Improved Nitrogen Use Efficiency and Yield of Wheat and Corn [J]. Agronomy Journal, 108, 1 666-1 673.

GLAVAN M, PINTAR M, URBANC J, 2015. Spatial variation of crop rotations and their impacts on provisioning ecosystem services on the river Drava alluvial plain [J]. Sustainability of Water Quality and Ecology, 5: 31-48.

GOPALAKRISHNAN G, NEGRI M C, SALAS W, 2012. Modeling biogeochemical impacts of bioenergy buffers with perennial grasses for a row-crop field in Illinois [J]. Global Change Biology Bioenergy, 4: 739-750.

GOU F, VANITTERSUM M K, VAN DER WERF W, 2017. Simulating potential growth in a relay-strip intercropping system: Model description, calibration and testing [J]. Field Crops Research, 200: 122-142.

GOULDING K W T, POULTON P R, WEBSTER C P, et al., 2000. Nitrate leaching from the broadbalk wheat experiment, Rothamsted, UK, as influenced by fertilizer and manure inputs and the weather [J]. Soil Use and Management, 16, 244-250.

GU L M, LIU T N, ZHAO J, et al., 2015. Nitrate leaching of winter wheat grown inlysimeters as affected by fertilizers and irrigation on the North China Plain [J]. Journal of Integrative Agriculture, 14: 374-388.

GUO J, LIU X, ZHANG Y, et al., 2010. Significant acidification in major Chinese croplands [J]. Science, 327: 1 008-1 010.

GUO S L, ZHU H H, DANG T H, et al., 2012. Winter wheat grain yield associated with precipitation distribution under long-term nitrogen fertilization in the semiarid Loess Plateau in China [J]. Geoderma, 189: 442-450.

HAMPSHIRE U O N, 2013. The DNDC Model. http: //www. dndc. sr. unh. edu.

HA N, FEIKE T, BACK H, et al., 2015. The effect of simple nitrogen fertilizer recommendation strategies on product carbon footprint and gross margin of wheat and maize production in the North China Plain [J]. Journal of Environmental Management, 163: 146-154.

HARTMANN T E, YUE S C, SCHULZ R, et al., 2015. Yield and N use efficiency of a maize-wheat cropping system as affected by different fertilizer management strategies in a farmer's field of the North China Plain [J]. Field Crops Research, 174, 30-39.

HEFFER P, 2016. Fertilizer Consumption Trends in China vs. the Rest of the Word [C]. Paris, France: International Fertilizer Industry Association.

HEFFER P, PRUD'HOMME M, 2016. Short-Term Fertilizer Outlook 2016—2017 [C]. Paris, France: International Fertilizer Industry Association.

HE P, SHA Z M, YAO D W, et al., 2013. Effect of Nitrogen Management on Productivity, Nitrogen Use Efficiency and Nitrogen Balance for awheat-maize System [J]. Journal of Plant Nutrition, 36: 1 258-1 274.

HONG N, SCHARF P C, DAVIS J G, et al., 2007. Economically optimal nitrogen rate reduces soil residual nitrate [J]. Journal of Environmental Quality, 36: 354-362.

HOU P, GAO Q, XIE R Z, et al., 2012. Grain yields in relation to N requirement: Optimizing nitrogen management for spring maize grown in China [J]. Field Crops Research, 129: 1-6.

HOWARTH R W, 1998. An assessment of human influences on fluxes of nitrogen from the terrestrial landscape to the estuaries and continental shelves of the North Atlantic Ocean [J]. Nutrient Cycling in Agroecosystems, 52: 213-223.

HUANG J, XU C C, RIDOUTT B G, et al., 2015a. Reducing agricultural water footprints at the farm scale: A case study in the Beijing region [J]. Water, 7, 7 066-7 077.

HUANG M X, LIANG T, OU-YANG Z, et al., 2011. Leaching losses of nitrate nitrogen and dissolved organic nitrogen from a yearly two crops system, wheat-maize, under monsoon situations [J]. Nutrient Cycling in Agroecosystems,

91: 77-89.

HUANG P, ZHANG J B, ZHU A N, et al., 2015b. Coupled water and nitrogen (N) management as a key strategy for the mitigation of gaseous N losses in the Huang-Huai-Hai Plain [J]. Biology and Fertility of Soils, 51, 333-342.

HUANG T, JU X T, YANG H, 2017. Nitrate leaching in a winterwheat-summer maize rotation on a calcareous soil as affected by nitrogen and straw management [J]. Scientific Reports, 7.

HUANG W L, ZHANG B G, FENG C P, et al., 2012. Research trends on nitrate removal: a bibliometric analysis [J]. Desalination and Water Treatment, 50: 67-77.

HU C, SASEENDRAN S A, GREEN T R, et al., 2006. Evaluating nitrogen and water management in a double-cropping system using RZWQM [J]. Vadose Zone Journal, 5, 493-505.

IIZUMI T, RAMANKUTTY N, 2016. Changes in yield variability of major crops for 1981—2010 explained by climate change [J]. Environmental Research Letters, 11.

JU X, LIU X, ZHANG F, et al., 2004. Nitrogen Fertilization, soil nitrate accumulation, and policy recommendations in several agricultural regions of China [J]. A Journal of the Human Environment, 33: 300-305.

JU X T, GU B J, WU Y Y, et al., 2016. Reducing China's fertilizer use by increasing farm size [J]. Global Environmental Change-Human and Policy Dimensions: 41: 26-32.

JU X T, KOU C L, ZHANG F S, et al., 2006. Nitrogen balance and groundwater nitrate contamination: Comparison among three intensive cropping systems on the North China Plain [J]. Environmental Pollution, 143: 117-125.

JU X T, XING G X, CHEN X P, et al., 2009. Reducing environmental risk by improving N management in intensive Chinese agricultural systems [J]. Proceedings of the National Academy of Sciences of the United States of America, 106: 3 041-3 046.

KAKUTURU S, CHOPRA M, HARDIN M, et al., 2013. Total nitrogen losses from fertilized turfs on simulated highway slopes in Florida [J]. Journal of Environmental Engineering-Asce, 139, 829-837.

KATO Y, YAMAGISHI J, 2011. Long-term effects of organic manure application on the productivity of winter wheat grown in a crop rotation with maize in Japan

[J]. Field Crops Research, 120: 387-395.

KEELER B L, POLASKY S, BRAUMAN K A, et al., 2012. Linking water quality and well-being for improved assessment and valuation of ecosystem services [J]. Proceedings of the National Academy of Sciences, 109: 18 619-18 624.

LADHA J K, PATHAK H, KRUPNIK T J, et al., 2005. Efficiency of fertilizer nitrogen in cereal production: Retrospects and prospects [J]. Advances in Agronomy, 87, 85-156.

LASSALETTA L, BILLEN G, GRIZZETTI B, et al., 2014. Food and feed trade as a driver in the global nitrogen cycle: 50-year trends [J]. Biogeochemistry, 118: 225-241.

LESOING G W, FRANCIS C A, 1999. Strip intercropping effects on yield and yield components of corn, grain sorghum, and soybean [J]. Agronomy Journal, 91: 807-813.

LEWIS A H, PROCTER J, TREVAINS D, 1938. The effect of time and rate of application of nitrogen fertilizers on the yield of wheat [J]. Journal of Agricultural Science, 28: 618-629.

LIANG B, ZHAO W, YANG X Y, et al., 2013. Fate of nitrogen-15 as influenced by soil and nutrient management history in a 19-year wheat-maize experiment [J]. Field Crops Research, 144, 126-134.

LIANG W L, PETER C, WANG G Y, et al., 2011. Quantifying the yield gap in wheat-maize cropping systems of the Hebei Plain, China [J]. Field Crops Research, 124: 180-185.

LIANG X Q, LI H, HE M M, et al., 2008. The ecologically optimum application of nitrogen inwheat season of rice-wheat cropping system [J]. Agronomy Journal, 100: 67-72.

LI C S, 2000. Modeling trace gas emissions from agricultural ecosystems [J]. Nutrient Cycling in Agroecosystems, 58: 259-276.

LI C S, FARAHBAKHSHAZAD N, JAYNES D B, et al., 2006. Modeling nitrate leaching with a biogeochemical model modified based on observations in a row-crop field in Iowa [J]. Ecological Modelling, 196: 116-130.

LI C S, FROLKING S, CROCKER G J, et al., 1997. Simulating trends in soil organic carbon in long-term experiments using the DNDC model [J]. Geoderma, 81: 45-60.

LI C S, FROLKING S, FROLKING T A, 1992a. A model of nitrous-oxide evolution from soil driven by rainfall events. 1. Model structure and sensitivity [J]. Journal of Geophysical Research-Atmospheres, 97: 9 759-9 776.

LI C S, FROLKING S, FROLKING T A, 1992b. A Model of nitrous-oxide evolution from soil driven by rainfall events. 2. Model applications [J]. Journal of Geophysical Research-Atmospheres, 97: 9 777-9 783.

LI C S, FROLKING S, XIAO X M, et al., 2005. Modeling impacts of farming management alternatives on CO_2, CH_4, and N_2O emissions: A case study for water management of rice agriculture of China [C]. //Rice is life: Scientific Perspectives for Century World Rice Research Conference Held in Tsukuba.

LI F, MIAO Y, ZHANG F, et al., 2009. In-season optical sensing improves nitrogen-use efficiency for winter wheat [J]. Soil Science Society of America Journal, 73, 1 566-1 574.

LI H, WANG L G, QIU J J, et al., 2014. Calibration of DNDC model for nitrate leaching from an intensively cultivated region of Northern China [J]. Geoderma, 223: 108-118.

LI J F, WANG M H, HO Y S, 2011. Trends in research on global climate change: A science citation index expanded-based analysis [J]. Global and Planetary Change, 77: 13-20.

LI J S, LI B, RAO M J, 2005. Spatial and temporal distributions of nitrogen and crop yield as affected by nonuniformity of sprinkler fertigation [J]. Agricultural Water Management, 76: 160-180.

LI L, SUN J H, ZHANG F S, et al., 2001. Wheat/maize or wheat/soybean strip intercropping I. Yield advantage and interspecific interactions on nutrients [J]. Field Crops Research, 71: 123-137.

LI S X, WANG Z H, HU T T, et al., 2009. Nitrogen in dryland soils of China and its management [J]. Advances in Agronomy, 101: 123-181.

LI W J, HE P, JIN J Y, 2012. Critical Nitrogen Curve and Nitrogen Nutrition Index for Spring Maize in North-East China [J]. Journal of Plant Nutrition, 35: 1 747-1 761.

LI Y, LIU H J, HUANG G H, 2016. The Effect of nitrogen rates on yields and nitrogen use efficiencies during four years of wheat-maize rotation cropping seasons [J]. Agronomy Journal, 108: 2 076-2 088.

LI Z L, LIU M H, ZHAO Y, et al., 2014. Application of regional nutrient management model in Tunxi Catchment: In Support of the Trans-boundary eco-compensation in Eastern China [J]. Clean - Soil Air Water, 42: 1 729-1 739.

LIN Z, CHANG X H, WANG D M, et al., 2015. Long-term fertilization effects on processing quality of wheat grain in the North China Plain [J]. Field Crops Research, 174: 55-60.

LITHOURGIDIS A S, VLACHOSTERGIOS D N, DORDAS C A, et al., 2011. Dry matter yield, nitrogen content, and competition in pea-cereal intercropping systems [J]. European Journal of Agronomy, 34: 287-294.

LIU C, WATANABE M, WANG Q X, 2008. Changes in nitrogen budgets and nitrogen use efficiency in the agroecosystems of the Changjiang River basin between 1980 and 2000 [J]. Nutrient Cycling in Agroecosystems, 80: 19-37.

LIU H, WANG Z H, YU R, et al., 2016. Optimal nitrogen input for higher efficiency and lower environmental impacts of winter wheat production in China [J]. Agriculture Ecosystems & Environment, 224: 1-11.

LIU J G, WANG G Y, KELLY T, et al., 2015. Effect of nitrogen and water deficit type on the yield gap between the potential and attainable wheat yield [J]. Chilean Journal of Agricultural Research, 75, 457-464.

LIU J, LIU H, HUANG S M, et al., 2010. Nitrogen efficiency in long-term wheat maize cropping systems under diverse field sites in China [J]. Field Crops Research, 118, 145-151.

LIU M Z, SEYF-LAYE A S M, IBRAHIM T, et al., 2014. Tracking sources of groundwater nitrate contamination using nitrogen and oxygen stable isotopes at Beijing area, China [J]. Environmental Earth Sciences, 72, 707-715.

LIU X J, JU X T, ZHANG F S, et al., 2003a. Nitrogen recommendation for winter wheat using N-min test and rapid plant tests in North China Plain [J]. Communications in Soil Science and Plant Analysis, 34: 2 539-2 551.

LIU X J, JU X T, ZHANG F S, et al., 2003b. Nitrogen dynamics and budgets in a winter wheat-maize cropping system in the North China Plain [J]. Field Crops Research, 83: 111-124.

LIU X J, ZHANG L A, HONG S, 2011. Global biodiversity research during 1900—2009: a bibliometric analysis [J]. Biodiversity and Conservation, 20: 807-826.

LIU X, RAHMAN T, YANG F, et al., 2017. PAR interception and utilization in different maize and soybean intercropping patterns [J]. Plos One, 12.

LIU X Y, HE P, JIN J Y, et al., 2011. Yield Gaps, Indigenous nutrient supply, and nutrient use efficiency of wheat in China [J]. Agronomy Journal, 103: 1 452-1 463.

LONG O H, SHERBAKOFF C D, 1951. Effect of nitrogen on yield and quality of wheat [J]. Agronomy Journal, 43: 320-321.

LU C, TIAN H, 2017. Global nitrogen and phosphorus fertilizer use for agriculture production in the past half century: shifted hot spots and nutrient imbalance [J]. Earth System Science Data, 9, 181.

LU D J, LU F F, PAN J X, et al., 2015. The effects of cultivar and nitrogen management on wheat yield and nitrogen use efficiency in the North China Plain [J]. Field Crops Research, 171, 157-164.

LU D J, YUE S C, LU F F, et al., 2016. Integrated crop - N system management to establish high wheat yield population [J]. Field Crops Research, 191, 66-74.

LV Y, FRANCIS C, WU P T, et al., 2014. Maize-soybean intercropping interactions above and below ground [J]. Crop Science, 54: 914-922.

MACHADO S, BYNUM E D, ARCHER T L, et al., 2002. Spatial and temporal variability of corn growth and grain yield: Implications for site-specific farming [J]. Crop Science, 42: 1 564-1 576.

MALHI S S, GRANT C A, JOHNSTON A M, et al., 2001. Nitrogen fertilization management for no - till cereal production in the Canadian Great Plains: a review [J]. Soil & Tillage Research: 60, 101-122.

MANEVSKI K, BORGESEN C D, LI X X, et al., 2016. Optimising crop production and nitrate leaching in China: Measured and simulated effects of straw incorporation and nitrogen fertilisation [J]. European Journal of Agronomy, 80, 32-44.

MA Q, YU W T, JIANG C M, et al., 2012. The influences of mineral fertilization and crop sequence on sustainability of corn production in northeastern China [J]. Agriculture Ecosystems & Environment, 158: 110-117.

MIDEGA C A O, SALIFU D, BRUCE T J, et al., 2014. Cumulative effects and economic benefits of intercropping maize with food legumes on Striga hermonthica infestation [J]. Field Crops Research, 155: 144-152.

MIGLIORATI M D, SCHEER C, GRACE P R, et al., 2014. Influence of different nitrogen rates and DMPP nitrification inhibitor on annual N_2O emissions from a subtropical wheat-maize cropping system [J]. Agriculture Ecosystems & Environment, 186: 33-43.

MILLER N, 1902. The amounts of nitrogen, as nitrates, and chlorine in the drainage through uncropped andunmanured land [J]. Proceedings of the Chemical Society, 18, 89-90.

MIN J, ZHANG H L, SHI W M. 2012. Optimizing nitrogen input to reduce nitrate leaching loss in greenhouse vegetable production [J]. Agricultural Water Management, 111: 53-59.

MIN J, ZHAO X, SHI W M, et al., 2011. Nitrogen balance and loss in a greenhouse vegetable system in Southeastern China [J]. Pedosphere, 21: 464-472.

MISHIMA S I, TANIGUCHI S, KOHYAMA K, et al., 2007. Relationship between nitrogen and phosphate surplus from agricultural production and river water quality in two types of production structure [J]. Soil Science and Plant Nutrition, 53: 318-327.

MONGE-NAJERA J, HO Y S, 2012. Costa rica publications in the science citation index expanded: A bibliometric analysis for 1981—2010 [J]. Revista De Biologia Tropical, 60: 1 649-1 661.

MOYER-HENRY K A, BURTON J W, ISRAEL D, et al., 2006. Nitrogen transfer between plants: A N-15 natural abundance study with crop and weed species [J]. Plant and Soil, 282: 7-20.

MUELLER N D, GERBER J S, JOHNSTON M, et al., 2012. Closing yield gaps through nutrient and water management [J]. Nature, 490: 254-257.

NEVENS F, REHEUL D, 2005. Agronomical and environmental evaluation of a long-term experiment with cattle slurry and supplemental inorganic N applications in silage maize [J]. European Journal of Agronomy, 22: 349-361.

NIAZ A, YASEEN M, ARSHAD M, et al., 2015. Response of maize yield, quality and nitrogen use efficiency indices to different rates and application Timings [J]. Journal of Animal and Plant Sciences, 25: 1 022-1 031.

NOSENGO N, 2003. Fertilized to death [J]. Nature, 425, 894-895.

OLASANTAN F O, 1998. Effects of preceding maize (*Zea mays*) and cowpea (Vigna unguiculata) in sole cropping and intercropping on growth, yield and nitrogen requirement of okra (*Abelmoschus esculentus*) [J]. Journal of Agricultural Science, 131: 293-298.

PANTOJA J L, WOLI K P, SAWYER J E, et al., 2015. Corn nitrogen fertilization requirement and corn-soybean productivity with a rye cover crop [J]. Soil Science Society of America Journal, 79: 1 482-1 495.

PEREZ D V, DE ALCANTARA S, ARRUDA R J, et al., 2001. Comparing two methods for soil carbon and nitrogen determination using selected Brazilian soils [J]. Communications in Soil Science and Plant Analysis, 32: 295-309.

QU J H, ZHOU J, REN K, 2015. Identification of nonpoint source of pollution with nitrogen based on soil and water assessment tool (swat) in Qinhuangdao city, China [J]. Environmental Engineering and Management Journal, 14: 1 887-1 895.

RASMUSSEN P E, GOULDING K W T, BROWN J R, et al., 1998. Agroecosystem-Long-term agroecosystem experiments: Assessing agricultural sustainability and global change [J]. Science, 282: 893-896.

RATHKE G W, BEHRENS T, DIEPENBROCK W, 2006. Integrated nitrogen management strategies to improve seed yield, oil content and nitrogen efficiency of winter oilseed rape (*Brassica napus* L.): A review [J]. Agriculture Ecosystems & Environment, 117: 80-108.

ROBERTS T, 2007. Right product, right rate, right time and right place, The foundation of best management practices for fertilizer [J]. Better crops with plant food, 91 (4): 14-15.

ROMERA A J, CICHOTA R, BEUKES P C, et al., 2017. Combining Restricted Grazing and Nitrification Inhibitors to Reduce Nitrogen Leaching on New Zealand Dairy Farms [J]. Journal of Environmental Quality, 46, 72-79.

RUIDISCH M, BARTSCH S, KETTERING J, et al., 2013. The effect of fertilizer best management practices on nitrate leaching in a plastic mulched ridge cultivation system [J]. Agriculture Ecosystems & Environment, 169: 21-32.

SALO T, 1999. Effects of band placement and nitrogen rate on dry matter accumulation, yield and nitrogen uptake of cabbage, carrot and onion [J]. Agricultural and Food Science in Finland, 8: 157-232.

SARKAR R, KAR S, 2008. Sequence analysis of DSSAT to select optimum strategy of crop residue and nitrogen for sustainable rice-wheat rotation [J]. Agronomy Journal, 100: 87-97.

SCHRODER J J, NEETESON J J, 2008. Nutrient management regulations in The

Netherlands [J]. Geoderma, 144: 418-425.

SCHRODER J L, ZHANG H L, GIRMA K, et al., 2011. Soil acidification from long-term use of nitrogen fertilizers on winter wheat [J]. Soil Science Society of America Journal, 75: 957-964.

SEBILO M, MAYER B, NICOLARDOT B, et al., 2013. Long-term fate of nitrate fertilizer in agricultural soils [J]. Proceedings of the National Academy of Sciences, 110: 18 185-18 189.

SETIYONO T D, YANG H, WALTERS D T, et al., 2011. maize - N: A Decision Tool for Nitrogen Management in maize [J]. Agronomy Journal, 103: 1 276-1 283.

SHAH A, AKMAL M, KHAN M J, et al., 2016. Residue, tillage and N-fertilizer rate affected yield and N efficiency in irrigated spring wheat [J]. Journal of Plant Nutrition, 39: 2 056-2 071.

SHAHANDEH H, WRIGHT A L, HONS F M, et al., 2005. Spatial and temporal variation of soil nitrogen parameters related to soil texture and corn yield [J]. Agronomy Journal, 97: 772-782.

SHAN L N, HE Y F, CHEN J, et al., 2015. Nitrogen surface runoff losses from a Chinese cabbage field under different nitrogen treatments in the Taihu Lake Basin, China [J]. Agricultural Water Management, 159: 255-263.

SINGH B, SINGH Y, LADHA J K, et al., 2002. Chlorophyll meter-and leaf color chart-based nitrogen management for rice and wheat in Northwestern India [J]. Agronomy Journal, 94, 821-829.

SOGBEDJI J M, VAN ES H M, YANG C L, et al. , 2000. Nitrate leaching and nitrogen budget as affected by maize nitrogen rate and soil type [J]. Journal of Environmental Quality, 29: 1 813-1 820.

SONG X Z, ZHAO C X, WANG X L, et al., 2009. Study of nitrate leaching and nitrogen fate under intensive vegetable production pattern in northern China [J]. Comptes Rendus Biologies, 332: 385-392.

SPIERTZ J H J, 2010. Nitrogen, sustainable agriculture and food security [J]. A review. Agronomy for Sustainable Development, 30: 43-55.

ST LUCE M, GRANT C A, ZEBARTH B J, et al., 2015. Legumes can reduce economic optimum nitrogen rates and increase yields in a wheat-canola cropping sequence in western Canada [J]. Field Crops Research, 179: 12-25.

STROCK J S, BRUENING D, APLAND J D, et al., 2005. Farm nutrient management practices in two geographically diverse watersheds in the cottonwood river watershed of Minnesota, USA [J]. Water Air and Soil Pollution, 165: 211-231.

SUN H J, LU H Y, CHU L, et al., 2017. Biochar applied with appropriate rates can reduce N leaching, keep N retention and not increase NH_3 volatilization in a coastal saline soil [J]. Science of the Total Environment, 575, 820-825.

SUTTON M A, HOWARD C M, ERISMAN J W, et al., 2011a. The European nitrogen assessment: sources, effects and policy perspectives [M]. Kamblidge: Cambridge University Press.

SUTTON M A, OENEMA O, ERISMAN J W, et al., 2011b. Too much of a good thing [J]. Nature, 472, 159-161.

TARIAH N, WAHUA T, 1985. Effects of component populations on yields and land equivalent ratios of intercropped maize and cowpea [J]. Field Crops Research, 12: 81-89.

THAPA R, CHATTERJEE A, JOHNSON J M F, et al., 2015. Stabilized nitrogen fertilizers and application rate influence nitrogen losses under rainfed spring wheat [J]. Agronomy Journal, 107: 1 885-1 894.

THIERFELDER C, CHEESMAN S, RUSINAMHODZI L, 2012. A comparative analysis of conservation agriculture systems: Benefits and challenges of rotations and intercropping in Zimbabwe [J]. Field Crops Research, 137: 237-250.

THORP K R, BATCHELOR W D, PAZ J O, et al., 2007. Using cross-validation to evaluate CERES-maize yield simulations within a decision support system for precision agriculture [J]. Transactions of the Asabe, 50: 1 467-1 479.

TILMAN D, FARGIONE J, WOLFF B, et al., 2001. Forecasting agriculturally driven global environmental change [J]. Science, 292, 281-284.

TONITTO C, DAVID M B, DRINKWATER L E, et al., 2007. Application of the DNDC model to tile-drained Illinois agroecosystems: model calibration, validation, and uncertainty analysis [J]. Nutrient Cycling in Agroecosystems, 78: 51-63.

VALKAMA E, SALO T, ESALA M, et al., 2013. Nitrogen balances and yields of spring cereals as affected by nitrogen fertilization in northern conditions: A meta-analysis [J]. Agriculture Ecosystems & Environment, 164: 1-13.

VANITTERSUM M K, CASSMAN K G, GRASSINI P, et al., 2013. Yield gap analysis with local to global relevance-A review [J]. Field Crops Research,

143: 4-17.

VASHISHT B B, NIGON T, MULLA D J, et al., 2015. Adaptation of water and nitrogen management to future climates for sustaining potato yield in Minnesota: Field and simulation study [J]. Agricultural Water Management, 152: 198-206.

VITOUSEK P M, NAYLOR R, CREWS T, et al., 2009. Nutrient Imbalances in Agricultural Development [J]. Science, 324: 1 519-1 520.

WANG C F, ZHU Y Y, 2016. Investigation of transgenic soybean components in soybean from an area of China [J]. Journal of the Science of Food and Agriculture, 96: 3 169-3 172.

WANG G L, YE Y L, CHEN X P, et al., 2014. Determining the optimal nitrogen rate for summer maize in China by integrating agronomic, economic, and environmental aspects [J]. Biogeosciences, 11, 3 031-3 041.

WANG H, ZHANG Y, CHEN A, et al., 2017. An optimal regional nitrogen application threshold forwheat in the North China Plain considering yield and environmental effects [J]. Field Crops Research, 207: 52-61.

WANG J F, XIE J F, ZHANG Y T, et al., 2010a. Methods to improve seed yield of *Leymus chinensis* based on nitrogen application and precipitation analysis [J]. Agronomy Journal, 102: 277-281.

WANG M H, LI J F, HO Y S, 2011. Research articles published in water resources journals: A bibliometric analysis [J]. Desalination and Water Treatment, 28: 353-365.

WANG Q, LI F R, ZHAO L, et al., 2010b. Effects of irrigation and nitrogen application rates on nitrate nitrogen distribution and fertilizer nitrogen loss, wheat yield and nitrogen uptake on a recently reclaimed sandy farmland [J]. Plant and Soil, 337: 325-339.

WANG R, CHENG T, HU L Y, 2015a. Effect of wide-narrow row arrangement and plant density on yield and radiation use efficiency of mechanized direct-seeded canola in central China [J]. Field Crops Research, 172: 42-52.

WANG W N, LU J W, REN T, et al., 2012. Evaluating regional mean optimal nitrogen rates in combination with indigenous nitrogen supply for rice production [J]. Field Crops Research, 137: 37-48.

WANG X B, ZHOU W, LIANG G Q, et al., 2016a. The fate of N-15-labelled urea in an alkaline calcareous soil under different N application rates and N splits [J]. Nutrient Cycling in Agroecosystems, 106, 311-324.

WANG X, SHI Y, GUO Z J, et al., 2015. Water use and soil nitrate nitrogen changes under supplemental irrigation with nitrogen application rate in wheat field [J]. Field Crops Research, 183: 117-125.

WANG Y, BI X, MENG J, 2016. Analysis on the willingness of agricultural labor to be employed and its influencing factors at the background of rural land transfer on large scale [J]. Journal of Residuals Science & Technology, 13: 116-118.

WANG Z B, ZHANG H L, LU X H, et al., 2016b. Lowering carbon footprint of winter wheat by improving management practices in North China Plain [J]. Journal of Cleaner Production, 112: 149-157.

WANG Z, LI J S, LI Y F, 2014. Effects of drip system uniformity and nitrogen application rate on yield and nitrogen balance of springmaize in the North China Plain [J]. Field Crops Research, 159: 10-20.

WANG Z Z, QI Z M, XUE L L, et al., 2015. Modeling the impacts of climate change on nitrogen losses and crop yield in a subsurface drained field [J]. Climatic Change, 129: 323-335.

WERNER C, HAAS E, GROTE R, et al., 2012. Biomass production potential from Populus short rotation systems in Romania [J]. Global Change Biology Bioenergy, 4: 642-653.

WIEDENFELD B, SAULS J, 2008. Long term fertilization effects on 'Rio Red' grapefruit yield and shape on a heavy textured calcareous soil [J]. Scientia Horticulturae, 118: 149-154.

WU D, YU Q, LU C, et al., 2006. Quantifying production potentials of winter wheat in the North China Plain [J]. European Journal of Agronomy, 24: 226-235.

WU J, WANG D, ROSEN C J, et al., 2007. Comparison of petiole nitrate concentrations, SPAD chlorophyll readings, and QuickBird satellite imagery in detecting nitrogen status of potato canopies [J]. Field Crops Research, 101, 96-103.

WU K X, WU B Z, 2014. Potential environmental benefits of intercropping annual with leguminous perennial crops in Chinese agriculture [J]. Agriculture Ecosystems & Environment, 188: 147-149.

XIA H Y, WANG Z G, ZHAO J H, et al., 2013. Contribution of interspecific interactions and phosphorus application to sustainable and productive intercropping systems [J]. Field Crops Research, 154: 53-64.

XIA L, TI C, LI B, et al., 2016. Greenhouse gas emissions and reactive nitrogen releases during the life-cycles of staple food production in China and their mitigation potential [J]. Science of the Total Environment, 556: 116-125.

XIA Y Q, YAN X Y, 2011. Comparison of statistical models for predicting cost effective nitrogen rate at rice-wheat cropping systems [J]. Soil Science and Plant Nutrition, 57: 320-330.

XIA Y Q, YAN X Y, 2012. Ecologically optimal nitrogen application rates for rice cropping in the Taihu Lake region of China [J]. Sustainability Science, 7: 33-44.

XIE R R, PANG Y, LI Z, et al., 2013. Eco-compensation in multi-district river networks in north Jiangsu, China [J]. Environmental Management, 51: 874-881.

XU X, HE P, PAMPOLINO M F, et al., 2016. Narrowing yield gaps and increasing nutrient use efficiencies using the Nutrient Expert system for maize in Northeast China [J]. Field Crops Research, 194, 75-82.

XU X P, HE P, QIU S J, et al., 2014. Estimating a new approach of fertilizer recommendation across smallholder farms in China [J]. Field Crops Research, 163: 10-17.

XU X P, LIU X Y, HE P, et al., 2015. Yield Gap, Indigenous nutrient supply and nutrient use efficiency for maize in China [J]. Plos One (10): e0140767.

YANG F, WANG X C, LIAO D P, et al., 2015. Yield Response to Different Planting Geometries in Maize Soybean Relay Strip Intercropping Systems [J]. Agronomy Journal, 107: 296-304.

YANG Z C, ZHAO N, HUANG F, et al., 2015. Long-term effects of different organic and inorganic fertilizer treatments on soil organic carbon sequestration and crop yields on the North China Plain [J]. Soil & Tillage Research, 146, 47-52.

YAN X, AKIMOTO H, OHARA T, 2003. Estimation of nitrous oxide, nitric oxide and ammonia emissions from croplands in East, Southeast and South Asia [J]. Global Change Biology, 9, 1 080-1 096.

YAN Y, TIAN J, FAN M S, et al., 2012. Soil organic carbon and total nitrogen in intensively managed arable soils [J]. Agriculture Ecosystems & Environment, 150: 102-110.

YUAN L, ZHANG Z C, CAO X C, et al., 2014. Responses of rice production, milled rice quality and soil properties to various nitrogen inputs and rice straw incorporation under continuous plastic film mulching cultivation [J]. Field Crops Research, 155: 164-171.

ZHANG D M, LI W J, XIN C S, et al., 2012b. Lint yield and nitrogen use efficiency of field-grown cotton vary with soil salinity and nitrogen application rate [J]. Field Crops Research, 138: 63-70.

ZHANG F, SHEN J, LI L, et al., 2004. An overview of rhizosphere processes related with plant nutrition in major cropping systems in China [J]. Plant and Soil, 260: 89-99.

ZHANG F S, LI L, 2003. Using competitive and facilitative interactions in intercropping systems enhances crop productivity and nutrient-use efficiency [J]. Plant and Soil, 248: 305-312.

ZHANG J, HU K L, LI K J, et al., 2017. Simulating the effects of long-term discontinuous and continuous fertilization with straw return on crop yields and soil organic carbon dynamics using the DNDC model [J]. Soil & Tillage Research, 165: 302-314.

ZHANG L, SPIERTZ J H J, ZHANG S, et al., 2007a. Nitrogen economy in relay intercropping systems of wheat and cotton [J]. Plant and Soil, 303: 55-68.

ZHANG L, VAN DER WERF W, ZHANG S, et al., 2007b. Growth, yield and quality of wheat and cotton in relay strip intercropping systems [J]. Field Crops Research, 103: 178-188.

ZHANG W F, DOU Z X, HE P, et al., 2013. New technologies reduce greenhouse gas emissions from nitrogenous fertilizer in China [J]. Proceedings of the National Academy of Sciences, 110, 8 375-8 380.

ZHANG W L, TIAN Z X, ZHANG N, et al., 1996. Nitrate pollution of groundwater in northern China [J]. Agriculture Ecosystems & Environment, 59: 223-231.

ZHANG X B, XU M G, SUN N, et al., 2016. Modelling and predicting crop yield, soil carbon and nitrogen stocks under climate change scenarios with fertiliser management in the North China Plain [J]. Geoderma, 265: 176-186.

ZHANG Y, LI C S, ZHOU X J, et al., 2002. A simulation model linking crop growth and soil biogeochemistry for sustainable agriculture [J]. Ecological Modelling, 151: 75-108.

ZHANG Y Q, WANG J D, GONG S H, et al., 2017. Nitrogen fertigation effect on photosynthesis, grain yield and water use efficiency of winter wheat [J]. Agricultural Water Management, 179, 277-287.

ZHANG Y T, LIU J, ZHANG J Z, et al., 2015a. Row Ratios of intercropping maize and soybean can affect agronomic efficiency of the system and subsequent wheat [J]. Plos One (6): e0129245.

ZHANG Y T, WANG H Y, LIU S, et al., 2015b. Identifying critical nitrogen application rate for maize yield and nitrate leaching in aHaplic Luvisol soil using the DNDC model [J]. Science of the Total Environment, 514: 388-398.

ZHANG Y, WANG H, LEI Q, et al., 2017. Optimizing the nitrogen application rate for maize and wheat based on yield and environment on the Northern China Plain [J]. Science of the Total Environment.

ZHANG Y Y, LIU J F, MU Y J, et al., 2012a. Nitrous oxide emissions from amaize field during two consecutive growing seasons in the North China Plain [J]. Journal of Environmental Sciences, China, 24: 160-168.

ZHAO B Q, LI X Y, LI X P, et al., 2010a. Long-Term fertilizer experiment network in China: Crop yields and soil nutrient trends [J]. Agronomy Journal, 102, 216-230.

ZHAO S C, QIU S J, CAO C Y, et al., 2014. Responses of soil properties, microbial community and crop yields to various rates of nitrogen fertilization in a wheat-maize cropping system in north-central China [J]. Agriculture Ecosystems & Environment, 194, 29-37.

ZHENG S, WANG Z G, 2013. Pricing efficiency in the Chinese NGM and GM soybean futures market [J]. China-an International Journal, 11: 48-67.

ZHENG W K, SUI C L, LIU Z G, et al., 2016a. Long-term effects of controlled-release urea on crop yields and soil fertility under wheat corn double cropping systems [J]. Agronomy Journal, 108, 1 703-1 716.

ZHENG W K, ZHANG M, LIU Z G, et al., 2016b. Combining controlled-release urea and normal urea to improve the nitrogen use efficiency and yield under wheat-maize double cropping system [J]. Field Crops Research, 197:

52-62.

ZHONG Q, JU X, ZHANG F, 2006. Analysis of environmental endurance of winterwheat/summer maize rotation system to nitrogen in North China Plain [J]. Plant Nutrition and Fertilizer Science, 3 000.

ZHOU M H, ZHU B, BRUGGEMANN N, et al., 2016. Sustaining crop productivity while reducing environmental nitrogen losses in the subtropical wheat-maize cropping systems: A comprehensive case study of nitrogen cycling and balance [J]. Agriculture Ecosystems & Environment, 231: 1-14.

ZHU Q, SCHMIDT J P, BRYANT R B, 2015. Maize (*Zea mays* L.) yield response to nitrogen as influenced by spatio-temporal variations of soil-water-topography dynamics [J]. Soil & Tillage Research, 146: 174-183.

ZHU Z L, CHEN D L, 2002. Nitrogen fertilizer use in China-Contributions to food production, impacts on the environment and best management strategies [J]. Nutrient Cycling in Agroecosystems, 63: 117-127.

ZHU Z, ZHANG S, XU Y, 1986. The meaning of average optimal nitrogen application [J]. Soils, 316-317.

ZIMMER S, MESSMER M, HAASE T, et al., 2016. Effects of soybean variety and Bradyrhizobium strains on yield, protein content and biological nitrogen fixation under cool growing conditions in Germany [J]. European Journal of Agronomy, 72: 38-46.

ZUO Y M, ZHANG F S, 2008. Effect of peanut mixed cropping with gramineous species on micronutrient concentrations and iron chlorosis of peanut plants grown in a calcareous soil [J]. Plant and Soil, 306: 23-36.